稲作SDGsをお米のプロに学ぶ

食卓と里山をつなぐ
36人の「マーケティング力」

農政ジャーナリスト たに りり 著

まえがき

このページを開いているあなたへ。拙著を手に取ってくれてありがとう。ところで、あなたはこの本で何を知りたいと思っているだろうか。

もし、ＳＤＧｓについて知りたいと思っているのなら、申し訳ないけれど、すこし違う。この本で考えるのは、「稲作ＳＤＧｓ」。わたしの造語だ。

一般的な用語としてのＳＤＧｓとは、２０１５年の国連サミットで採択された「持続可能な開発目標」のことだ。世界が抱える環境問題や社会的課題に対して、17の大きな目標（ゴール）が掲げられ、２０３０年までに達成することを目指している。素晴らしい考えだと思うのだけれど、ほんとうに達成できるのだろうか？　この本はそんな素朴な疑問が出発点だった。

わたしはお米の分野で活動をしている。三年前に『大人のおむすび学習帳』（キクロス出版）を出版した。それまで日本炊飯協会認定ごはんソムリエとして、おむすびのワークショップを開催してきた。その中で、人々がお米について関心が薄いことに気が付き、おむすびを通してお米のおいしさや楽しさを伝えたいと思って本を書いた。わたしが知る限り、読んだ人の多くは何か発見があったり、楽しさをあらためて見つけたりしたようだ。

現代のわたしたちは、お米を食べる回数も量も昔に比べてかなり減っている。農林水産省によると、国民一人が一年間に食べるお米の量は1962（昭和37）年の118キログラムがピークだった。それ以降は止まることなく減り続け、2020（令和2）年は50・8キログラムで半分以下になってしまった。このままではお米を食べる人がほとんどいなくなる日だって、冗談ではなくあり得るかもしれない。

さらに、新型コロナウイルス感染症のパンデミックが追い打ちをかけた。外出自粛が続いてオフィス街や観光地での外食需要が消え、その分のコメの需要がすっぽり消えた。コメ業界の人は口を揃（そろ）えて「なんとかしなくちゃいけない」と危機感を募らせた…。（この本では、農作物や商品としては「コメ」、食卓に近い場面では「お米」と使い分けている。）

どうしたら状況を変えられるだろう？　何か手がかりを得ようと、わたしは農家やお米屋さんなどコメ関係者への取材を始めた。そして2020年4月から、米穀流通の最大手の専門新聞『商経アドバイス』で連載コラムを書き始めた。

取材すると、コメに携わる人たちは皆、まじめで熱心でとにかく消費者においしいお米を食べてほしいと一生懸命だ。けれどもどうやら自分たちの物差しで考えていて、食卓のことは頭にあまりないみたいだ。マーケティングでいう「顧客視点」が欠けているのではないか、とわたしは強く感じた。

一般的に、企業や組織が自分から変わることは非常に難しいといわれている。ソニーの会長兼

CEOを歴任した出井伸之（いでいのぶゆき）氏は、「変革の時代、過去の成功体験こそが企業自己変革の足枷（かせ）となる」と言っている。（『イノベーションのジレンマ　増補改訂版』クレイトン・クリステンセン著・翔泳社）

　コメ業界は企業ではないけれど、出井さんの言葉はかなり当てはまる。昔の稲作はほんとうに重労働だった。様々な努力と改善を積み重ねて、生産効率と品質を向上させてきた。だからこそ、現代のわたしたちはおいしいお米を一年中、食べられるようになった。でも今までと同じやり方では、お米の厳しい状況を変えることはたぶんできない。

　そこでわたしは新しい学びと発想を得るために、より広くお米に関係する人たちに話を聞く旅に出た。たくさんの人たちに出会い、泣いたり笑ったり憤慨したり感じ入ったり、心が忙しく震えた。彼らは２０２２年秋現在、それぞれの場所で活躍している人たちだ。

　もし、あなたが農業に関係している人なら（生産者や農協、農業学校の教師や学生など）、この本はぴったりだ。最前線の情報や学ぶべき事柄を見つけられるだろう。

　もし、あなたがコメや米飯のビジネスに関係している人なら、企業の話は参考になるだろうし、今まで気が付かなかった視点を得ることもできるだろう。

　そしてもし、あなたが農業やお米に直接関係ない人であっても、一度でもお米をおいしいと思ったことがあるなら、様々な人たちの話に何かしらの発見や感動があるだろう。

　世の中は今、大きく変わってきている。産業革命で生産活動の中心が農業から工業へ移り、様々な技術革新が起こり、今に至るまで人々は生産効率の向上に懸命に励んできた。ところが環境汚染や地球温暖化、貧困の拡大など社会的課題が噴出してきた。それをなんとかしようというのがＳＤＧｓだ。消費者の購買も、価格や便利さといった基準から、環境に優しい（サステナブル）とか倫理的に正しく生産されている（エシカル）に価値を置く方向へ変化してきている。

日本のお米にもそういう方向性が求められる時代になっている。今回のお米をめぐる旅では、減農薬・有機農業に励む人たち、一度絶滅したトキやコウノトリを復活させた人たち、棚田で里山や自然と共生している人たちなどに出会った。彼らの話を聞くうちに、わたしはこう思うようになった。もしかするとＳＤＧｓなんて言葉は使っていなくとも、稲作ではもともとやっていたのではないか。

この本は、希望を集めた本だ。稲作とお米をテーマに人々を訪ね、日本のお米が向かうべき道を探っていく。読み終えた後、あなたがささやかな希望を見つけられたらこれ以上の喜びはない。

さあ、お米をめぐる旅に出よう。

※取材は２０１９年から２０２２年にかけて行った。掲載する内容は取材当時のものである。

稲作SDGsをお米のプロから学ぶ　目次

序章

食卓がほんとうに欲しいもの

試作品のフタを開け、熱々のご飯が見えたその瞬間、ヒノキの鮮烈な香りが飛び出した。ダメだ、こんなご飯はありえない。お米をまったくわかってない。そう思った。

わたしでなくても、お米屋さんや生産者なら誰でも同じことを思ったに違いない。２０２０（令和２）年の晩秋、COBITSU（コビツ）の商品開発に携わったときのことである。

COBITSUはヒノキの枡（ます）で作った一人分のお櫃（ひつ）だ。裾つぼまりのオベリスク形状で、同じ素材のフタがついている。従来の枡と比べて手になじみやすく、伝統を踏襲しつつ新しさのある、とても美しい形をしている。最大の特徴は単なるお櫃ではなく、炊いたご飯を詰めて冷凍し、移し替えることなく、容器ごと電子レンジ加熱を可能にした点だ。保存容器でありながら美しい形状ゆえ、そのまま食卓に上がっても違和感がない。

斬新なこの商品は、岐阜県大垣市の老舗木枡専門メーカーである(有)大橋量器が、デザイナー南地秀哉（みなみじひでや）さん（33）とコラボして制作した。南地さんの本職はGROOVE X株式会社のUI・UXデザイナーで、家族型ロボットLOVOT（ラボット）の開発に携わっている。COBITSUには個人デザイナーとして参加した。わたしはご飯の専門家としてプロジェクトの終盤にすこしばかり関わった。ヒノキの香りのご飯は、その試作品で冷凍したご飯をレンジアップしたものだった。これがおいしいご飯とされるなら、コメ業界にとっては事件といってもいい。

ポジティブ思考から生まれた商品

試作品テスト後のオンライン・ミーティングは、大橋量器のプロジェクト・リーダー、伊東大地さん※（25）と南地秀哉さん、そしてわたしの三者で行った。試作品に至るまで相当苦労があったようだが、何としても良いものを作り上げたいという熱意と、自分たちが作るものは価値があるはずだという種の確信が、言葉の端々から感じられた。そして二人ともよく笑った。

わたしは試作品の感想を「冷凍再加熱の機能としては素晴らしいと思う」と、まず伝えた。プラスチック容器やラップで冷凍・再加熱したご飯より、格段にご飯粒がふっくらと仕上がる。限りなく炊きたてに近い。ヒノキが冷凍時にはご飯の水分をほどよく吸湿し、加熱するとそれを放出するからだろう。その点はお世辞抜きで素晴らしかった。

「ただ、ヒノキの香りがすこし強いけれど…」と付け加えると、彼らは「ありがとうございます。すごく参考になります！」と言った。マイナス要素をネガティブに捉えず、改良ポイントだと受け止める。なんという人たちだろう。わたしの方こそ、彼らをちゃんと理解しなくちゃいけないな、と思ったのを今でも覚えている。その後、試作品はヒノキの香りの強さや器の大きさを何度か微調整し、ようやく完成に漕ぎ着けた。

そもそも枡とは何か。昨今では枡にあまりなじみがない人も多いと思うので、簡単に歴史を見ておきたい。枡の起源は一説によると中国といわれているが、詳しいことはわかっていない。

日本では平安時代から室町時代の頃には、お米や穀物を量る道具として使われていたらしい。ただ、大きさは地域や時代でまちまちだった。そこで、豊臣秀吉が太閤検地の際に、京都で使われていた京枡を基準の一升枡と定めた。以来、石盛や年貢収納に京枡が使われるようになった。江戸幕府が開設した後は、枡を専売する枡座が京都と江戸に設けられたため、京枡と微妙に大きさの異なる江戸枡がしばらく併用されていた。1669（寛文9）年に京枡で統一され、明治政府もこの京枡（一升枡）を公定枡とした。

枡は戦後も使われていたが、1966（昭和41）年の計量法改正によるメートル法の完全実施で、公定枡としての役割を終えた。とはいえ、わたしたちの暮らしの中で今もなお、お米一合（180cc）や酒一升（1800cc）など、身近な単位として生きている。

こうした流れを見るとおわかりだろうが、計量器としての枡の需要は1966年の計量法改正によりガクンと減った。代わりに、昭和30年代頃から日本酒を飲む酒器として注目されるようになった。今ではほとんどの人がお米を量るときは、炊飯器に付属しているプラスチックの計量カップを使う（この計量カップの一合はいうまでもなく枡の名残だ）。

だから、枡が計量器だったことを知らず、お祝いのシーンで樽酒を振る舞う容器（酒器）あるいは節分の豆入れの器だと思っている人も多いかもしれない。

コロナ禍で生まれたアイデア

さて、商品がほぼ完成し販売を待つだけになったある日、わたしは伊東さんと南地さんにあらためて話を聞いた。二人とも完成した満足感だろう、にこやかな笑顔でオンライン会議の画面に登場した。

なぜ大橋量器はこんな大胆なコラボ商品を作ろうとしたのか。そこにはコロナ禍が関係していた。大垣市は枡の全国の生産量の8割を占める。その中でも大橋量器はコロナ前は年間120万個の枡を生産する国内最大の木枡専門メーカーだったのだが、新型コロナウイルスで大打撃を被った。2020年の5月頃が最もひどい状態で、売上は実に前年比75%減まで落ち込んだ。というのは現在、枡は主に結婚式や企業のイベントで使われるのだが、コロナ禍でそうした場は中止が相次ぎ、枡の注文もキャンセルだらけになったという。

わたしが「ほんとうに大変でしたね」と言うと、伊東さんは大きくうなずいて言った。

「枡は人が集まるところに彩りを添えるというのが存在価値なのに、その前提を否定されたようなものです。これまでと同じではどうにもならない。新しい価値を考えなければいけないと思いました。そこで新しい視点を求めて、モノづくりスタートアップ支援事業を行う(株)AMNが主催した、モノ作り企業とデザイナーさんがコラボして新商品を作るというプロジェクトに参加しました」

南地さん的にはどうだったのだろう? 最先端ともいえるロボットのUI・UXを手がける人が、

なぜ伝統的なモノ作りをしようと思ったのか。

「事前に大橋量器の動画などの資料を見たときに、伝統的なものを扱う会社という大橋量器のイメージがぶっ飛んだんですよ。すごいチャレンジをめちゃくちゃしていた。僕がすごいなと思ったのは、卸売業者と小売業者などの企業間取引であるBtoB（Business to Business）ではなく、企業と消費者間の取引であるBtoC（Business to Consumer）でチャレンジをしていた点。枡という伝統を守るだけでなく、革新的なことをしている会社だなと思った。むしろ僕がそのハードルを越えられなかったらどうしようと思ったくらい」

異業種間のミラクルな出会いは偶然だったけれど、ある意味、必然だったのかもしれない。それにしても、枡にご飯を詰める発想はどこから来たのか。プロジェクトを引っ張ってきた南地さんが答えた。

「最初のアイデア出しで、枡でやっていないことを挙げていったときに、大橋量器がけっこういろんなことを既にやっていたんですよ。例えばこんなのはどうですかと大橋量器に言うと、『あ、それはもうやっています』的なことが多くて。これは小手先だけでは通用しないなと思いました。そこで枡の歴史に立ち返り、お米と枡の組み合わせでまだやっていないことを考えて、炊飯にたどり着きました。で、枡で炊飯してみようと電子レンジに入れてみたんですよ」

斬新すぎるとわたしが驚くと、南地さんは笑った。

「普通やらないことをやってみたらできた、ということがあると、それだけでイノベーションが生まれることがあるんですよ。炊飯はそういう観点でやってみたことのひとつです。まあ、予想以上に大変なことになりましたけどね」

なるほどと思った。スティーブ・ジョブズは２００７年の最初のiPhone発表会で、音楽プレーヤーのiPodと電話とインターネットを（さらにはカメラも）を一つにしたと言った。普通なら誰もやらないことをやって、大きなイノベーションになったのである。

枡での炊飯実験はご飯の芯が残ってしまうという残念な結果に終わったのだが、そこで大きな発見があった。ヒノキの香りとご飯の関係である。電子レンジで炊飯しているときも部屋中にヒノキの香りが漂い、これは他の物ではかなえられない価値だと気がついた、と南地さんは言った。

「そこに既存の市場があったとしても、これは大きな優位性になると思いました」

チームはここで、炊飯から冷凍ご飯を温める方向へと軌道修正した。知人など協力者にアンケートを取ると、ご飯は冷凍して食べる人が大多数であることがわかった。チームのメンバーも自分の生活を振り返ってみると、炊きたてのご飯はほぼ食べない。まとめて炊いて冷凍するパターンが日常になっていた。けれどもラップやプラスチック容器を使うのは無味乾燥だし、温め直したご飯は余り物感がある。そこを自分たちの商品で価値を与えられないか、とチームの方向性が定まった。

弱点を強みに変える

しかし、である。冷凍してご飯の水分を吸収した枡を電子レンジで加熱すると、乾いた枡以上にヒノキの香りが強調される。ヒノキの香りとご飯の香りのバランスをとるのは難題だった。面白いことに、チームはここで初めてご飯の香りを意識した。伊東さんはこう表現した。

「実は、白米の香りなんて今まで考えたこともなかったです。たぶん僕たちは日頃、白米をいろんなパンチの強い料理といっしょに食べるので気が付かなかったんだと思う。とても繊細なんですね」

「そうなんです、お米は味も香りも非常に繊細です」とわたしは我慢できずに口を挟んだ。「だから水を差すようだけど、お米の関係者からすると、ヒノキの香りを足すというのは、お米のおいしさを損なうように思われてしまうかもしれない」

南地さんが言葉を選びながら言った。

「今回僕たちは、お米とかご飯の新しい食べ方という文化を作っていきたいと思っています。たしかに、純粋なお米の香り自体を楽しむには COBITSU は適さないかもしれない。けれど、日本酒をヒノキの香りと楽しんでいただくような新しい楽しみ方としてチャレンジをしているんだなと、お米関係の方に温かく見守っていただきたいです。COBITSU でないと味わえない楽しさ、炊きたてとはまた違う楽しみ方がひとつ増えたと思ってほしいですね」

わたしは思わずうなった。ごはんソムリエとして知識と経験を積み、また主婦としての長年の経験からも、お米のおいしさにはわたしなりに一家言あった。だから最初の試食のとき、ヒノキの香りのご飯はありえないと思った。そうじゃない。彼らが提供するのは新しい食べ方、新しい体験なのだ。わかっていないのはわたしの方だった。

COBITSUの名前は小さいお櫃をイメージしている。お櫃を使ったことはあるかと聞くと、二人とも無いという。伊東さんは、お櫃を使う贅沢(ぜいたく)感や、ご飯がおいしく感じる体験はすごくいいものだなと感じたと、楽しそうに言った。

「つながり」の大切さ

インタビューの最後に、今回のプロジェクトを通して、お米に対しての気持ちが何か変わったか二人に聞いた。伊東さんも南地さんも、以前からパンよりご飯派である。ただ、二人とも自分でお米を買ったことはなかった。伊東さんは祖父母が、南地さんは父方の実家が米農家なので、お米はそちらから送られてくる。いわゆる縁故米(えんこまい)だ。（縁故米とは、親戚や知り合いの農家から無償または安価で譲り受けるお米）

南地さんいわく「お米は自動的に降ってくるもの」という感覚だったらしい。そのため意識して食べたことがなかったのだ。伊東さんはこのプロジェクトのおかげで、新しい発見がいくつもあったと言う。

「わたしたちの生活はすべてがつながっているんだな、とすごく思いました。お米を作る人、炊飯器を作る人、食器を作る人がいるからこそ、自分たちはご飯を食べられ日々の生活に満足感を得ていく。誰かひとりだけががんばっても、その人を最大限に幸せにはできない。だからこれからの時代は、みんなで協同していくことが大切なのかなと。わたしたちもお米業界といっしょにお米を食す文化を伝えていきたいし、それを通して日本人や世界の人の幸福感を高めていけるといいなと思っています」

南地さんは「ああ、そうかそうだよね、とても素敵な考えだ！ 腹落ちしたなぁ」と、画面の向こうで叫んだ。

「僕は常々、使うたびに喜びを感じるデザインのもので、世の中をいっぱいにしたいと思ってきました。でも僕たちが作るものは、ユーザーの生活や社会にとってはごく一部にすぎない。それらを取り巻くすべてとつながっていく必要性をあらためて学びましたね。今回、自分のフィールドであるテック系のアプローチや考え方と、枡という伝統産業、そして食の業界とが結びついたことは、小さいながらもとても大きな一歩だと感じています」

さて、COBITSUの販売は、Makuake（マクアケ）というクラウドファンディング・サービスが採用された。クラウドファンディングはインターネットで自分の活動や夢を発信することで、想いに共感した不特定の人から広く資金を募る仕組みだ。今までにない商品なので、新しいものに対する感度が高いところとして相性がいいと考え、採用した。

クラウドファンディング開始当日、関係者は緊張の面持ちで画面を見つめた。スタート時刻を過ぎると応援購入希望者が殺到し、あれよあれよという間に目標金額を達成した。最終的には購入した人は約1500人、集まった金額は1千万円を超えた。大橋量器は調達した費用で新しい機械を導入した。

大成功の噂をメディアが嗅ぎつけ、NHKなどテレビでも何度も紹介された。2021年度ウッドデザイン賞・優秀賞（林野庁長官賞）を受賞。現在は大橋量器のオンラインショップからも購入できる。累計販売数は1万7千個を突破した。

購入者の感想は、いつもの冷凍ご飯がおいしくなった、木の香りが高級旅館みたいで嬉しい、ヒノキの香りで幸せな気持ちになった、など9割以上が肯定的だった。購入者が家での食事を楽しんでいることがわかる。やはりわたしはわかっていなかったのだ、現代の食卓で人々が求めているものは何かを。

家でご飯を食べる人のライフスタイルは大きく変わり、炊きたてよりも冷凍する人が多くなっている。さらにお米そのものの香り以上に、楽しさや高級感を乗せる体験を面白いと感じる人が、おそらくわたしが想像するよりも増えていることがわかった。

ところで、コメ業界つまりお米に携わっている人たちは、人々の変化に気がついているだろうか？　関係者に話を聞きに行こう。

※伊東大地さんは２０２１年の秋に㈲大橋量器を退社した。

第1章

「売れない」のは仕方がないのか？

～販売の現場から～

プロローグでは家庭でのご飯の食べ方が変わってきている様子を紹介した。本章では、家庭での炊飯とお米の販売に関わる人たちに話を聞く。

1. 新しい体験を作れ！ 炊飯器メーカーの挑戦

(1) 内から外へと業態を広げる象印マホービン

ソフトな物腰のその男性に初めて会ったのは、新型コロナウイルス感染症がまだ世界に出現する以前、東京農業大学の稲・コメ・ごはん部会セミナーの懇親会だった。研究者や生産者、外食産業の人たちと交流する中で特に会話が弾んだのが、象印マホービン株式会社の経営企画部マネージャー、後藤譲（ゆずる）さんだった。

その後、象印が自社の最高級炊飯ジャーで炊いたご飯を使ったおにぎり店を期間限定で出店した際にお声がけいただき、大阪市難波にある直営飲食店「象印食堂」と併せて視察に行った。このおにぎり店は後に、「象印銀白弁当」というお弁当販売店へとつながった。

家庭用調理機器メーカーが自社製品を使った飲食店を運営するのは非常に珍しい。思い付くものでは、人気の鋳物ホーロー鍋「バーミキュラ」を製造・販売する愛知ドビー株式会社が、自社製品を体験できるレストランを持っている。炊飯器メーカーでは今のところ象印一社のみだ。

後藤さんは経営企画部として、象印食堂をはじめとする新規事業を指導的立場で推進してきた。そこで後藤さんと広報の美馬本（みまもと）紘子さんに、象印が考えるご飯の世界について話を聞いた。

コロナ禍で見直された家庭の食

「こんにちは。お久しぶりです。前回お会いしたのはコロナ前でしたね」

わたしが挨拶をすると、後藤さんは、「そうですね。あの頃はこんなことになるなんて思ってもみなかったですよね」と、すこし懐かしそうな笑顔を浮かべた。

まずはコロナ禍の影響を聞いた。後藤さんによると、炊飯ジャーの業界出荷数はこのところずっと下降傾向だったが、２０１９年度は消費税増税の影響による駆け込み需要、翌20年度は新型コロナ対策で全家庭に支給された特別定額給付金の影響で、二年連続の上向きとなった。しかし21年度は、その反動もあり下落した。22年もこの傾向は続くのではないかと言う。それからふっと表情を緩めて言った。

「実は弊社では、高級炊飯ジャー『炎舞炊き』の実績がとてもいいんです。これはコロナ禍で外出を自粛する人が多くなり、家庭で食事をする機会が増えて、ご飯のおいしさや食の見直しがあったのだろうと考えています。つまり、感染拡大でどうしても内食（うちしょく）※回帰にならざるを得なかったという中で、家族みんなで食べるおいしさや家族みんなで作る楽しさを、それぞれのご家庭で感じたのではないかと思うんですね。その中で、どうせ食べるならおいしいものがいいよねということで、当社の炊飯ジャーの中でも特に高価格帯のものが伸びているのかなと思っています」

「そうなのですか」とわたしは驚いた。高級炊飯器が売れていると噂には聞いていたが、どうやら思った以上のようだ。

※内食…家で食材から調理して食べること。これに対して、「外食」は飲食店など自宅以外で食事をすること、「中食」は惣菜や弁当など調理された食品を購入、あるいは配達を利用して家で食べる食事をいう。

象印食堂の企画

とはいえ、お米の消費量は１９６０年代をピークに、今や半分にまで減っている。加えて人口減少や食の多様化などを考えると、大きな流れとしての下降傾向は続く。とするなら、炊飯器メーカーとしても、未来に希望をなかなか持ちにくい状況なのではないか。

そんな疑問を率直にぶつけると、後藤さんは全体的に見れば下降傾向になるのは間違いないだろうと言い、「ただ、」と言葉を続けた。

「そういう傾向の中でも、ご飯のおいしさに気付いていない人はまだけっこういるのかなと思っています。というのは、象印食堂をオープンさせる前の段階で大きな気付きがありました」

「すみません、そもそも象印食堂を企画したのはどういう意図だったのですか？」とわたしは遮って聞いた。

「もともとは炊飯ジャーのプロモーションでした。炊飯ジャーはそれなりの金額がするのに、買うときに試すことができません。炊いたお米をどこかで食べられないのか、というお問い合わせがよくあったんですね。それで『炎舞炊き』のご飯を食べるというお客様の体験の場として、お店を使っていただこうと企画しました。我々は今まで内食にしか絡んでこなかったので、大阪に常設店としてオープンする前に、東京や大阪など地域限定で期間限定の象印食堂を何度か出店したのですが、そのときに我々も想像しなかったほどお客さんが集まりました。これって何だろう？　と思ったんですね。分析すると、お客様が求めていることの中で『おいしいご飯を食べたい』という要素が非常に大きいということがわかってきました」

なるほど、と思った。わたしを含めコメ業界の人たちは、当たり前のように「お米（ご飯）の味の違い」を追求しアピールする。ところが実際には、おいしさの違い以前の問題として、そもそも「ご飯のおいしさ」に気が付いていない人がまだまだ多い、という指摘には意表を突かれた。たしかに自分のことを振り返っても、米どころ出身の夫と結婚する前は、ご飯の味の違いなんて思ってもいなかった。実際、象印食堂へ行った人たちの感想をＳＮＳで見ると、ご飯のおいしさに驚いたり喜んだりする投稿が多い。

「象印食堂のお弁当のテイクアウトも好調なようですね」

「はい、内食から外食へと広げる中でおいしいご飯を求めているお客様が多いという実感を得て、次は中食へと、新大阪駅にお弁当専門店を出しました」

「おいしいご飯の需要は外食産業にもありそうですよね？」

「そうですね。業務用に炊飯ジャーを売っていこうという社内プロジェクトがあります。実際に飲食店へ商談に行ってわかったことは、おかずにこだわる店は多いですが、白いご飯はまだまだ放置されている状況。そこへ我々が行ってご飯のおいしさを直接売るというのは外食産業にとっては新鮮で、なおかつ求められていたことなのかなと思っています」

炊飯器のプロモーションとして始まった新しい事業をきっかけに、象印が炊飯器というモノを売る企業から、人々が求める「ご飯のおいしさ」を提供する企業へと変化してきたことがうかがえる。

ご飯のおいしさを追求する

ところで、象印の考える「ご飯のおいしさ」とは何だろう？

「象印が定義する要素は、食感・味・外観の3つです。具体的に言うと、食感はご飯の粘りと弾力（歯ごたえ）、味はご飯の甘味・うま味、外観は大きな粒感と光沢がしっかりあること。ずっとこれでやってきたのですが、十数年前に、我々が考えているおいしさはお客様にほんとうに求められているのか、ということを検証しました。『炎舞炊き』の前の『極め羽釜』という商品を開発したときのことです」と、後藤さんは言った。

当時の象印は炊飯ジャー市場のトップブランドでありながら、高級炊飯ジャーの分野ではトップを取れず苦戦していた。この状況をなんとか打破しようと、新たなプロジェクトが立ち上がった。ここには従来の技術中心のメンバーではなく、販売促進や広報、アフターサービスという部署を横断するメンバーが招集された。これは社内でも初めての試みだったという。後藤さんはこのプロジェクトのリーダーを任され、広報の美馬本さんもメンバーだった。

チームが掲げたのは「ゼロからのチャレンジ」。前述の後藤さんの言葉にあるように、ご飯のおいしさという原点に立ち返って議論と分析を重ね、自分たちが考えるおいしさは「昔ながらのかまど炊き」のご飯の味だと定義した。しかし、これがお客様の求めるものなのかが確信が持てない。それを検証するために、チームは全国各地の「ご飯がおいしい」と評判の店を食べ歩いた。その結果たどり着いたのが、大阪・堺市の定食屋「銀シャリ屋げこ亭」だった。ご飯好きの間では知る人ぞ知る名店である。「飯炊き仙人」と呼ばれている店主の村嶋氏が炊くご飯は、まさにチームが理想とするご飯だった。

「あれは感動しましたねぇ。我々が考えるご飯のおいしさと、世の中で支持されているご飯のおいしさが一致した瞬間でした。あのときから、我々が定義しているご飯のおいしさにあらためて自信を持てるようになりました」と後藤さんが言うと、美馬本さんも大きくうなずいた。

わたしは素直に感動的なストーリーだと思った。でも、これはあくまでも販売する側の感動だ。生活者の視点からはもう一歩、踏み込まなければならない。

「ここ数年でブランド米が増えて、お米の味も多様化してきました。それに伴い、品種や産地銘柄による炊き分けをする炊飯器が増えていますよね」とわたしが言うと、後藤さんはそこではないところに象印のポイントがあるのだと言う。

「象印が大切にしているのは、人に合わせるということです。他社は銘柄炊き分けでお米に合わせる炊き方をしますが、我々は人、つまり個人やそれぞれのご家庭に合わせるところに主眼を置いています。もちろん先ほどお話しした象印が考えるおいしさがど真ん中にあるのですが、それぞれの好みに合わせて細かく対応していくことを大切にしています」

使う人・食べる人に着目すると、近年、ご飯の食べ方や炊き方が大きく変化してきている。ご飯をまとめて炊いて冷凍して食べる人は、年々増えている。朝炊いて夜食べるような長時間保温も含めると、炊きたてを食べる人はもはや半数以下だろう。そうなると、メーカーの想定しているおいしさは食卓に届いていないのではないか。

「その点は、例えば『冷凍したときにおいしくなるように』というのも操作メニューで対応できるようにしています。それと重要なのは保温。象印の圧力ＩＨ炊飯ジャーに載せている『極め保温』という機能について自負があります。ただ、ご飯は時間がたつとどうしても劣化が避けられません」と後藤さんは言った。

コメをおいしいご飯に変化させる

ここでお米がご飯になる過程をすこし説明しておこう。生米の生デンプンは非常に密な結晶構造をしているため、人間の体内では消化されにくいという特徴を持つ。ここへ水と熱を加えていくとその構造が緩み、最終的にはデンプン粒が崩壊して糊状になる。これを糊化（アルファ化）という。この状態になるとデンプンは消化酵素が働きやすい状態になり、消化吸収できる。炊飯はこの原理を利用した調理法なのだ。

ところがやわらかくふっくらと炊き上がったご飯はそのまま放置していると、冷めるにつれ水分が失われ、乾燥し固くなる。これは糊化したデンプンが、再び密接に結びついた状態になるためだ。これをデンプンの老化（ベータ化）という。炊飯ジャーの保温はこの老化をできるだけ防ごうとする仕組みになっている。ちなみに、温かいご飯を冷凍するときには老化が進む温度帯を一気に抜けて冷却させる。それを電子レンジで温め直すと糊化の状態に戻るため、ふっくらとやわらかいご飯になる。

話を戻すと、わたしたちがご飯を保温や冷凍して食べることは、メーカーもわかっている。後藤さんはこう続けた。

「様々な食べ方をする前提として、お米に圧力をかけてしっかりアルファ化させ、ポテンシャルが高い状態で作っておくことが大切です。簡単に言うと、ご飯がしっかりおいしく炊き上がっているかどうかで、ご飯を冷蔵や冷凍あるいは保温した際の劣化のスピードが大きく異なるんですね。だから、そもそものご飯のベースをいかに高くできるかということを、ひとつの命題としてこだわっています」

あっ、とわたしは声を上げた。炊きたてを食べないのであれば、極端なことを言えば炊飯はどうでもいいのかもしれないと思っていたが、そうではない。そもそもご飯がおいしく炊けていなかったら、保温や保存にいくら気を使ってもダメなのだ。後藤さんはにっこりした。

「実はそこがいちばんのポイントなんです。そこをベースにした上で、プラスアルファとして使いやすさ、つまり簡易性や利便性、さらに楽しさをいかに付加していくかということを課題としてやっています」

簡便性・利便性を追求

簡便性といえば、象印のＩＨ炊飯ジャー「ＳＴＡＮ.」を購入した人たちのＳＮＳ投稿を見ると、使いやすさ以外に掃除のしやすさを高く評価している。

「人々が炊飯器に求める要素として、おいしさ以外が重視されるようになっているように思うのですが」と、わたしは言った。

後藤さんによると、技術的には、例えばもっと早く炊き上げるなどは可能らしい。ただその場合にも象印的には、他社よりもおいしく炊けるというベースを維持することが絶対条件で、その上でお手入れがラクなどの簡便性を付加しているという。ここは炊飯ジャー業界のトップブランドとしてのプライドなのだろうと思った。

使う立場からすると、掃除の点でも操作の点でもシンプルな方が使いやすいに決まっている。そうなんですけれどね、と後藤さんは苦笑いした。

「メーカー目線でいくと、どうしてもあれもこれもと機能をたくさん載せたくなるのですが、結局、使わない機能だらけになるというのは、我々の中でも問題になっています。例えば、昔の炊飯ジャーのガッチャンと入れるスイッチが最もシンプルなわけで、『あれでええやん』という議論も社内でよく出ました。ただ今のところ、そこまでの思い切りはなかなか難しいですね」

「でも機器のメニューで対応できるのであれば、ＩｏＴ※を活用してインターネットとつなげてソフトを更新していけばいいとも考えられるのですが」

「パナソニックさんが展開しているものですね。必要なものだけを追加するというあの発想はすごく面白いと思っていますが…」と、後藤さんは言葉を濁した。

象印はパナソニックとは違う方向性で利便性・簡便性を追求していく、ということなのだろう。後藤さんが続けた。

「我々でいえば『炎舞炊き』に付けた『わが家炊き』という機能があります。このメニューで炊いたご飯の感想を炊飯ジャーに入力することで、次回から自分の好みの味に炊き上がるようにするものです。これが利便性・簡便性の一歩目になる。カッコよく言えば、ですけど。というのも、今まではごはんを作るのはたいていお母さんの仕事でしたが、コロナ禍でお父さんや子どもなどいろんな人が作る方に回ったと思うんです。その大変さをたぶんみんな感じたと思う。感染が落ち着いてきて今までの生活に戻ったとしても、大変さを知ったからこそ、誰が作るとしても、より簡便に我が家の味ができないかなと思うはずなんですね。そういった今までと違うアプローチが、今後のモノづくりにおけるヒントになると思っています」

※ＩｏＴ（Internet of Things）…アイオーティーと読む。コンピューターだけでなく、様々なモノをインターネットにつなげてデータをやりとりする仕組み。例えば、外出先からスマートフォンを利用して家電を操作したり、患者に着けた機器で健康状態を遠隔地からリアルタイムで管理したり、自動車の完全自動運転へ応用したりするなど。

ご飯食を増やすために

もうひとつ、どうしても聞いてみたい質問を投げかけてみた。パックご飯（包装米飯）のことだ。農林水産省によると、２０２１年のパックご飯の生産量は前年比４％増の23万トン。これは1個２００グラムの標準サイズのパックご飯の約12億個に相当する。6年連続で過去最高を更新しているらしい（２０２２年2月）。

こうなると将来、パックご飯は炊飯器メーカーの敵になるのではないだろうか？　後藤さんはこう答えた。

「たしかにご飯を食べるというところだけに注目すればライバルになります。でも我々にはお米の消費量を上げていきたいという想いがあります。パックご飯を利用しても炊飯ジャーを使うシーンもあるでしょうから、相乗効果があっていいと個人的には思うんですよね。ご飯に携わっているという観点でいうと、上流のお米そのものにフォーカスして、ご飯食を増やすことにつながる取り組みをもっと増やしていきたいと思っています」

広報の美馬本さんが、「弊社ではライスマイル・プロジェクトというものがございます」と、補足した。子ども向けの炊飯教室など食育の啓発活動を２０１３年頃から行っている他、２０１４年からは毎年、新入社員を含めた社員たちが契約農園で、実際に田植えや稲刈りなどをしてお米作りをしているという。収穫したお米は様々なイベントなどのプロモーション活動に活用しているらしい。そういえばＳＮＳで「社員さんが自分たちで作ったお米をいただきました！」などの投稿をいくつか見かけた。

さらに美馬本さんは、働き盛り世代の昼食にも働きかけていきたいと話した。

「炊飯ジャーメーカーらしくない話なのですが、コロナになってから、社内でもカップラーメンをすすっているメンバーが増えてちょっと寂しいです。自分たちの炊飯器がすぐそこに山積みされているのに、何かできないかなと思っています」

三人から笑いがこぼれた。ほんとうは最後の美馬本さんの言葉はあまり外に出してほしくないことかもしれない。でもわたしはここに象印としての視点を感じた。

自分たちの周りにある小さな違和感や疑問を見逃さない。これがきっと象印の基本姿勢なのだ。

広報の言葉を借りるならば、象印マホービンという会社は、炊飯ジャーなどの家電製品と魔法瓶などの非家電製品を合わせた「家庭日用品メーカー」なのだとあらためて思った。

※炊飯器の表記について。インタビュー箇所は象印の商品名にならい「炊飯ジャー」とした。

（2）サブスクで新しい市場を作るパナソニック

サブスクリプションサービス（サブスク）は、２０１０年代後半から音楽や動画配信の新しい楽しみ方として広がり、あっという間に普及した。パナソニックは２０２１年6月から「foodable（フーダブル）」というサブスクを始めた。月額３９８０円（税・送料込み）で新品のキッチン家電を利用でき、さらにこだわりの食材が毎月届くというものだ。家電はサービスを一定期間利用後、買い取りができる。ホームベーカリーやコーヒーメーカーなど複数のコースが設定されている。

その中に「おうちで全国ご当地米食べくらべ体験」というコースがある。家電はパナソニックの高級炊飯器シリーズ、スチーム&可変圧力ＩＨジャー炊飯器「おどり炊き」が届き、こだわり食材は毎月、利用者が自分で選ぶお米が2セット合計１・８kg届く。お米だけ、あるいは炊飯器だけのサブスクはこれまでもいくつかの業者が行っているが、炊飯器とお米のセットはフーダブルが初めてだ。

なぜこうしたサブスクを始めたのか、パナソニック株式会社くらしアプライアンス社に話を聞いた。インタビューに応じてくれたのはキッチン空間事業部のお二人、ビジネスデザイン部ビジネスインキュベーション課の主幹・大宮広義さんと、調理機器ＢＵ（ビジネスユニット）商品企画部調理器商品企画課の課長・桔梗（ききょう）圭悟さんである。

サブスクfoodableの試み

インタビューはまず、二人の仕事内容を説明してもらうことから始めた。正直なところ、何をする部署なのか肩書からはよくわからなかったからだ。

彼らが所属するキッチン空間事業部は、いわゆる白物家電（しろものかでん）といわれるキッチン家電を扱う。桔梗さんはその中の調理機器（電子レンジ・炊飯器・オーブントースター・ホームベーカリー・フードプロセッサー類）を扱う事業部で、商品（モノ）を企画する。具体的にはコンセプト立案から商品の仕様を決め、台数や価格を議論し、技術製造部門と詳細を検討し、最終的に立案するという、モノづくりの流れとして、最も川上に属する仕事になるらしい。

これに対して大宮さんの部署は、そうしたモノとしての家電ビジネスから派生した新規事業を企画する部署だ。フーダブルを作ったところである。大宮さんによると、パナソニックという会社は基本的には分業体制で、商品企画部、製造部、マーケティング部などに分かれている。これに対し、大宮さんの属する部署は企画から運営、マーケティングまですべてを行って「新しい市場」をつくるという、パナソニックの中では特殊な部署らしい。わたしがわかったようなわからないような顔をしたのを見て、大宮さんが言った。

「今までのパナソニックの市場は、家電を売る量販店や専門店、パナショップを通じて『モノを売る』市場です。これは十分大きいのですが、今のユーザーのトレンドは『価値』を求めています。例えば、炊飯器を買いたいがどれを選んだらいいかわからないというお客様に、体験できる機会を提供する企画をする。そういった『モノを売る』だけにとどまらないビジネスを創造するのが、我々の仕事になります」

「それをフーダブルでお客様に直接お届けするというわけですね?」

「そうです。DtoC（Direct to Consumer）つまりメーカーであるパナソニックが自社で企画・製造した商品を、流通業者や小売業者などを通さずに、お客様に直接お届けします。ただ、今までは家電だけを提供していたのですが、今回のフーダブルはその家電の価値を最大限に生かせる食材というモノとセットにして、リーズナブルな価格でご提供するサブスクリプションサービスになります。特にお米のコースは、お客様が自分でお米を選んで炊き分けて食べる、という食べ比べ体験をご提供します」

「フーダブルを調べると、他にEATPICK（イートピック）という食のSNSサービスもあるようなのですが、これはどういうものですか」と、事前調査で混乱した部分を聞いた。

「ちょっとわかりにくいですよね。これまでパナソニックは小売りをしていないので、お客様とダイレクトにつながる場がありませんでした。そこで、イートピックは顧客接点の場としてつくっています。それだけでなく、お客様同士がつながる場として提供しています。ざっくりいうと、イートピックがディズニーランドとすると、アトラクションのひとつがフーダブル、そんなイメージです」

なんとなくわかってきた。プレスリリースを見ると、イートピックの会員数は約30万人もいるらしい。大宮さんによると、ユーザーは25歳から30代40代が中心で好調に推移しているようだ。サブスクのフーダブルの会員数は非公表で教えてもらえなかったが、こちらも「それなりに続々と毎日注文が入ってくる状況」だという。

お米の食べ比べと炊き分け

コメ関係者として気になるのは、フーダブルのお米コースを利用している人がどれくらいいるかだ。人数は非公表でも全会員数における割合だけでも知りたい。

「30％から40％くらいおられますね。一番人気です。コメが圧倒的ですよ」

と、大宮さんが言った。

「そうなんですか！」と、わたしは素っ頓狂な声を出した。「実はホームベーカリーやコーヒーメーカーのコースが多いのかと思っていました。お米コースが多い理由は何だと思われますか」

大宮さんはお客からのフィードバックを参考に、二つの理由を挙げた。ひとつは、いろいろなお米を食べられるということ。というのは、一般的に販売されているお米は5キロか10キロが標準単位で、最小でも2キロがほとんどだ。これでは多すぎて食べ比べに適さない。さらに地域のスーパーでは取り扱い品種がだいたい決まっていて、品種数も少ない。その点、フーダブルでは常時20〜25種類ほどの銘柄があり、毎回異なる銘柄を2種類（2セット）選べる。そして特徴的なのは1セット900グラムなのだが、2合（300グラム）ずつに小分けで真空パックされている点だ。

お米コースが好調なもうひとつの理由は炊飯器だという。通常価格で10万円を超える高級炊飯器「おどり炊き」を、お米も込みで月々3980円で利用できる。若い層でも気軽にエントリーできる価格設定だ。お米のラインナップを見ると高級な銘柄が入っていることがわかる。お米の選定と精米は、技術に定評のあるくりや株式会社（老舗の米問屋）が行っている。コメ関係者としてこれはかなりお得だと思うと言うと、大宮さんは大きくうなずいた。

「はっきりいってかなりお得です。内訳をいうと、毎月3千円分のお米が付いてくるんです。それを考えると3980円はむちゃくちゃ安いという感じですね」

「それに真空パックだから焦って食べきらなくていいし、郵便ポストに届くので受け取りも簡単だし、お値段以上ですね！」

ついうっかり主婦感覚が出てしまった。大宮さんは、そうですそうですと笑い、「あと大事なこととして、」と言って座り直した。

「炊飯器には65銘柄の炊き分け機能が付いています。こんなに多いのはパナソニックだけです。

一部は初期設定では搭載されていないプログラムがありますが、それはＩｏＴといってインターネットにつないで後から増やすことができるんです」

そこはわたしも注目しているところだ。コロナ前にパナソニックが表参道で行ったプロモーションイベントに参加したのだが、当時は炊き分け機能は炊飯器搭載分だけにとどまっていた。多数銘柄の炊き分けはそれだけでも十分新しかったのだけれど、お米は毎年作柄が違う。加えて新しいブランド米が次から次へと出てくる時代だ。プログラムを更新できないのは不十分ではないか、とわたしは少々不満だった。そこからするとＩｏＴでだいぶ進化したことがわかる。

すごいですね、と興奮気味に言うと、商品企画担当の桔梗さんがクールに答えた。

「ＩｏＴモデルに関しましては、シーケンスというメインのプログラムを更新することで、毎年の作柄に応じた炊き方を更新できるようにしています。それもネットにつなげるからできることですね」

パナソニックの考える「おいしさ」

「平たく言うとおいしく炊けるということだと思うのですが、どういう視点のおいしさでしょうか」

漫然とした聞き方になってしまったが、わたしの頭の中にはひそかに象印があった。象印は人に合わせたおいしさを追求する。パナソニックは？

桔梗さんは質問の意図を測りかねるという表情で、考えながら言った。

「我々には炊飯プログラムを開発している『Panasonic Cooking@Lab 炊飯部』という炊飯科学のプロの部隊がいます。メンバーは我々の炊飯器の良さも当然熟知しており、それぞれのお米に対し様々な実験をしてデータを蓄積し、プログラム設計しています。なので、質問の答えとしては、そのお米の良さをどれだけ引き出せるかという視点ですかね」

なるほど。プロ集団が客観的な最大公約数のおいしさを追求する、ということだろう。補足しておくと、パナソニックもアプリを使えば、自分の好みの炊き方を記録しておくことができる。

桔梗さんはおいしさを作る技術について、説明を重ねた。

「我々が十分伝えられてないかなと思うのは『おどり炊き』という技術についてです。65銘柄の炊き分けがフィーチャーされますが、そのベースにあるおどり炊きという技術が非常に優れています。というのも、技術部門にかまどがあるんですけれど、かまどの中ではしっかり対流が起こって、お米の一粒一粒に熱が伝わって適度な糊化を促進し、お米が本来持っている旨みを引き出す、という現象が起きています。『おどり炊き』ではそれを、かまどとは火力の違う電気炊飯器で再現できています。これはすごく強みだと思っていまして、我々のベース技術としてしっかり伝えることで、我々ができるお米のご飯のおいしさというのを愚直に伝えていくこと、それが大事かなと」

「素晴らしい技術ですね」と言うわたしに、大宮さんが畳みかける。

「我々にはそういう専門の部隊もいますし、流通力もあるので、『家電はやっぱりパナソニック』とおっしゃってくださるファンのお客様もたくさんおられます。そこは強みなのですが、実際にはお客様が商品を使ってさらに炊き分けしないと、その良さは十分には伝わらない。そこでお米を炊き分けする機会をご提供することで、『ほんとに全然違う、お米ってどれも同じだと思っていたけれど、やっぱりパナソニックの技術ってすごいね』と、実感していただけるようなサービスを作りたいと思って始めたのがフーダブルです。我々はフーダブルで、炊飯器だけを売りたいわけじゃないんです。サービス商品という、新しい市場をつくっていくことをしていきます」

お米への想い

わたしはすこし考えて、「それはきっと新しい食べ方とか、新しい食文化につながると思います」と言った。すると大宮さんは大きくうなずいて、「すこし話が外れますが、」と堰（せき）を切ったように話し始めた。

「わたくし実は小さい時からずっと滋賀県に住んでいまして、最近感じるのが、水田が麦畑に代わってきているなぁと。コメ離れで、田園が失われてきていると思うんです。でも日本人はやっぱりお米の食文化です。ところが、日本にはこれだけたくさんの銘柄があるのにそれを楽しめるサービスがないという現実があるわけです。我々はそこを提供したいという思いもあります。

炊飯器のビジネスをやっている以上は、食文化とかコメ離れにも突っ込んでいかないと炊飯器も売れなくなっていきますからね。まあ幸い、我々はホームベーカリーもやっているんで最悪、麦に転んでもいいという話もあるかもしれないですけれど、そういうことじゃない。やっぱり日本に生まれた以上、お米のおいしさを味わいたいよねというお客様は当然いらっしゃるので、そういうことを次の世代に受け継いでいくというのも重要な事業だと思います」

おお！とわたしは思わず声を出して驚いた。

「失礼ながらお話を伺う前は、パナソニックは家電を広く扱っているので、炊飯器はワンオブゼムです的な言い方をされるのかと思っていました。そんなことないんですね、熱い想いがおありなんですね」

大宮さんはハハハッと大きく笑った。

「熱い想いを持っていないとメーカーでは生きていけません。そしてそういう想いをお客様に伝えたい気持ちで我々事業部の人間はやっています。ああ、ここは桔梗さんがしゃべるべきだったかな」

クールな表情だった桔梗さんが笑顔でうなずいた。

お米と炊飯器の将来

最後に、パックご飯のことをどう思うか聞くと、桔梗さんが答えた。

「そういう利便性を求めている方も当然おられると思います。我々のメインの技術は先ほど言ったように、お米のおいしさを引き出すということに重点をおいて商品開発をしています。でも今後はもうすこし利便性に振った形で、手軽に手間なくお米が食べられるという点を考えた、新たな商品開発の企画を検討していきます」

「ただでさえお米の消費量が落ちているところに、ご飯は手間がかかるから食べないという人がもっと増えると、炊飯器の売り上げにも関わりますものね」

と、わたしが言うと桔梗さんは、そこはちょっと違うと言う。

「お米の消費量はこの10年間で15％くらい減ったのですが、実は炊飯器の需要はそこまで減っていないんですね。相関していない。炊飯器の買い替えサイクルが約８年と比較的長いということもありますが、それよりは、お米を食べる頻度は減ったけれども食べるという事象自体はそんなに変わっていない、ということだと思うんですね。つまり日本ではお米を食べる文化が深く根付いているので、どれだけパン食が増えようとも、お米をまったく食べない人が日本国民の半分を占めるということは、まずない。それがお米の消費量の下がり方と、炊飯器の需要の下がり方が異なるところに如実に表れている。なので悲観的に考えずに、いろいろな提案をお客様にしっかり提供していけば事業として十分成り立つと思います」

そういう考え方があったか、とわたしはうなった。わたしを含めほとんどのコメ関係者は、お米の消費減退イコールこの先は見通しが暗い、という思考パターンに陥っている。炊飯器という側面からではあるが、桔梗さんの分析はそうした思考に大きな疑問符を投げるものだ。

ただ、そうだとしても、わたしたちはやはり大きな分岐点にいる。食べる頻度が減るということが何をもたらすのか。たまにしか食べないからお米の味や品質にこだわらなくなるのか、たまにしか食べないからこだわってお金をかける方向へ行くのか…。

大宮さんはお米の概念を変えたいと思っている、と言う。

「お米はどれでもたいして変わらないと思っていると『パックご飯でいいや』に流れるとわたしは個人的に思っていて、そこを変えたいんですよ。お米はそれぞれ違っていてそこにエンターテインメント性があって楽しいものだよ、と伝えたい。もし自分がいつもコシヒカリを食べていてこれが好きだと思っていても、食べ比べたらひょっとするとあきたこまちの方が好みだという場合もあるかもしれません。そういう出会いをしていないのは損をしていませんか、と。あと、もうひとつ思っているのは、小さい頃からいろいろなお米を食べることで、お米の違いがわかる人に育つ。そういう食育の観点も大切ではないか、と思っているんです」

そうですよね、とわたしは何度もうなずいた。本音を言うと、大宮さんの考えていることはわたしにとっては意外でも何でもない。わたし自身ワークショップなど事あるごとに伝えてきたし、いわゆるこだわりのお米屋さんもよく言うことだからだ。

ただ、注目すべきは炊飯器メーカーの彼が言ったという点である。炊き分けができるからこそ言えることであり、食べ比べの価値をサービスとして商品化した根源的な想いに触れた気がした。

桔梗さんの顔にも優しい笑みが浮かんでいた。

2. 既存の「箱」から飛び出す米屋たち

食卓から川上へと一歩、歩みを進めて、奮闘するお米屋さんに話を聞こう。その前にコメ流通の歴史を簡単におさらいしたい。

現在、わたしたちはお米を、米穀店やスーパーマーケット、コンビニエンスストア、ドラッグストア、オンラインショップなど様々な場所で自由に買うことができる。しかしコメは主要作物のため、その流通は長らく国の規制の下にあった。

戦時中の１９４２（昭和17）年、食糧供給の安定を目的に食糧管理法（食管法）が制定された。以後、流通するコメは全量が政府の直接統制下に置かれた。この法律は戦後のコメ不足の時代には機能したが、高度成長期になり日本人の食生活が豊かになると状況は一変。コメ過剰の時代になり、行き詰まりが顕著になる。

食管法適用下で流通ルートに乗るコメは、合法の「政府米」と非合法の「自由米（不正規流通米、通称ヤミ米）」のみだった。ところが１９６９年以降のコメ過剰時代に入ると、生産者が集荷業者である農業協同組合などを通して、政府を通さず直接卸業者に流通させる「自主流通米」が登場し、政府米よりも多くなっていった。そうした状況を国も無視できなくなり、1995（平成7）年に食管法が廃止された。新たに「食糧法」が制定され、「計画流通制度」が発足。ヤミ米は「計画外流通米」として公式に認められた。コメの流通は大幅に規制緩和され、厳しい競争の時代に入った。さらに2004（平成16）年には食糧法が改正され（改正食糧法）、計画流通制度は廃止。コメの出荷や販売は登録制から届出制になり、コメの流通はほぼ自由化された。

そんなわけで、現在は様々な店がお米を売っている。その中で米穀店は専門店として卸業者や農協、生産者からコメを仕入れ、精米し、販売する。一般消費者だけでなく、保育園や学校、病院、飲食店などへ納入する店が多い。それというのも米穀店は、品質のいいコメを大量に提供できる専門店だからだ。特にお米マイスターの資格を持つお米屋さんは、コメと精米に関して豊富な知識と高い技術を誇る。

しかしながら、米穀店を取り巻く状況は年々厳しくなる一方だ。その要因はお米の消費量が減っていることだけでなく、消費者のお米の購入先が米穀店からスーパーやドラッグストア、ネット販売に移り変わっていったことにある。

お米屋さんは戦後開業したところが多い。お米はお米屋さんで買うのが当たり前だった時代を経験してきたお米屋さんが言う。

「昔は米屋っていうのは『町の見守り役』でもあったんだよ。配達に行くからその家の家族構成をだいたい知っているからね。コメを買う量で、お子さんが大きくなってきたんだねとか、独り立ちしたのかなとか、おばあちゃんの具合が悪いのかなとかなんとなくわかってさ。まあ今じゃ、米屋のある町の方が少ないからなぁ。プライバシーの問題もあるから難しい時代だね。でもうちは常連さんのことを気にかけているよ。この地域には『こども１１０番』という、子どもたちがトラブルに巻き込まれそうになったときに助けを求めて駆け込めるように地域で見守る活動があるんだけど、うちも協力場所にもなっているよ。そういうお米屋さん多いんじゃないかな」

お米屋さんが地域の信頼を得てこうした役割を担ってきたのは、彼らが家族経営で続けてきたことと大いに関係がある。ただそれは、コメの流通自由化という時代の荒波の中で小舟を漕ぐようなものだ。いつ大波にさらわれてしまうか、危機感を持つお米屋さんは少なくない。そこで、知恵と工夫で荒波をくぐり抜けようとしているお米屋さんを取材した。

（１）お米の楽しさを作る女性たち

コメ業界は圧倒的な男性社会だ。重たいコメを扱う力仕事の側面が大きいので仕方がないといえばそうなのだが、関係者が集まるセミナーやイベントに行くと見事に男性ばかり。米穀店でも女性が働く店はまれだ。

厚生労働省の令和元年版「働く女性の実情調査（２０１９）」によると、令和元年の女性の労働人口は３千万人、男性は３千８００万人。労働力人口総数に占める女性の割合は44％で過去最高となった。その中で「卸売業・小売業」の女性雇用者総数に占める割合は19％だ。詳細なデータがないので正確なところはわからないが、コメ業界がこの数字を大幅に下回ることは間違いなさそうである。

コメ関係は男の仕事、と昔から決まっていたのだろうか。実はそうでもない。室町時代の「職人尽歌合」では、米売は女性である。もしかすると、おしゃべり好きな女性の方が行商に向いていたのかもしれない。

では現代はどうだろう？　家庭での日々の食事づくりは今も、女性が行うケースが大多数だ。食品の購入は妻の意見で決まるという世帯が９割、という調査結果もある。

とするならば、お客の気持ちをより理解するのは、男性よりも女性ではないだろうか？　女性らしい視点を生かした店舗経営で人気を集めているお米屋さんを二人、紹介したい。

お客の心をつかむ

一人目は、神奈川県横浜市の伊藤米店、伊藤直美さん（60）。日常業務に加えて週に３日、おむすびを自ら握って店頭で販売している。おむすび販売は直美さんの発案。店主であるご主人（四代目）が店を畳もうかと思案していることを知り、もうすこしがんばってみたいと腰を上げた。

おむすびは塩むすびの他、新鮮な野菜の炊き込みご飯のおむすびでオリジナリティを出している。

伊藤米店の建物は明治時代の町家（店舗兼住宅）をほぼそのまま使用している。レトロな店構えと、野菜の炊き込みご飯で作るおむすびはインスタグラムなどのＳＮＳで評判となり、遠方から来店する人もいる。「にんにくおむすび」は人気のテレビドラマ『孤独のグルメ』でも紹介された。


店を任されている直美さんは、顔なじみの地元客が通りかかると声をかける。

「こんにちは。いいお天気ですね。足の具合はいかがですか？」

「ありがとう、今日は痛くないから散歩しようと思ってね。また寄るわね」

そんな他愛もない会話が日常的に交わされ、建物の雰囲気もあいまって訪れた人は昭和の商店街にタイムスリップした感覚に陥る。女性らしい店の作り方だと思った。

二人目は、大阪市のウイン毛馬本店、山岸令子さん（47）。五ツ星お米マイスターの有資格者だ。店の売り上げが徐々に落ちていく中、お客様を待つよりも外へ出て行こうと決心。お米の楽しさをもっと広めたいと、「小さなお米屋さん」というイベントとギフト限定のセレクトショップを始めた。

令子さんは自らの子育てを通じて、地域とのつながりが深い。そこで地域の子育てママたちが集まるハンドメイド雑貨などの販売イベントに出店。お米やおにぎり、ふりかけ、お米スイーツやお米雑貨などを販売した。おにぎりの製造は親交の深いカフェに依頼し、玄米や健康にやさしい食材を使用。陳列やパッケージのデザインも工夫をこらして女性たちの心をつかみ、たちまち人気ショップとなった。

活動はすこしずつ広がり、地元や大阪市中心市街地で開かれる定期的なイベントに出店するのみならず、市外のイベントからも声がかかるようになった。他の出店者とも積極的にコラボし、イベントと地域を盛り上げている。

二人は対面での接客だけでなく、ＳＮＳを自ら積極的に活用している。商品や店の雰囲気の楽しさが伝わるような写真付きで紹介し、寄せられる質問や感想などコメントにはひとつひとつ丁寧に返事を書く。これはお客にとっては、店に行く前から購買体験が始まり、購入後のアフターフォローとなっている。

こうしたいわば「ＳＮＳ接客」には相当の時間と労力がかかる。そのモチベーションはどこにあるのだろうか。

聞けば、彼女たちは二人とも実家は米屋ではない。嫁いで初めてコメ業界に入り、お米のおいしさを知ったという。それゆえに、「お米のおいしさや楽しさをお客様にも伝えたい、喜んでもらいたい、楽しんでもらいたい」という気持ちが非常に強い。口をそろえたかのように、二人とも同じことを笑顔で繰り返したのが印象的だった。

――ひとは　ひとをよろこばせることが　一番うれしい

アンパンマンの生みの親である、やなせたかし氏の言葉だ。（『やなせたかし　明日をひらく言葉』ＰＨＰ研究所）考えてみれば、お米屋さんにとってお米を買った人が喜んでくれるのが嬉しいように、お米を買った人にとっては家族がおいしいご飯で喜んでくれるのが嬉しい。紹介した女性のお米屋さんたちには、人々のそうした根源的な喜びを捉える温かい眼差しがある。

⑵ 社員一人ひとりにファンがつく店

神戸市灘区にある㈱いづよねは創業１８８９（明治22）年。さぞかし老舗らしい落ち着いた雰囲気だろう、と思って店を訪れると大いに裏切られる。

店の入口上部に掲げられているのは、派手なオレンジ色の看板だ。黒々とした「笑顔の米屋いづよね」の文字と共に、福笑いのおかめさんみたいな真っ白い下膨れで頭がつるりとした笑顔の男性のイラストが大きく貼りついている。これはいづよねのロゴマークで、四代目の店主、川崎恭雄（やすお）さん（49）を模したデザインだ。店内は若いスタッフたちが元気よく動き回り、来店客も若い世代が多い。まったくもって米屋らしからぬ活気に満ちているのだが、ここまでの道のりは決して平たんなものではなかった。

阪神淡路大震災と難病を乗り越えて

川崎さんが父親の下で働き始めて数年後の1995年、店は阪神淡路大震災で被災した。当時、阪神電車（阪神電鉄）の高架の桁下にあった店を崩れ落ちた高架が直撃。天井高が5メートルあった倉庫部分は5センチにまで押しつぶされたという。お客も3分の1に減り、にっちもさっちもいかない状況に陥った。阪神電車の高架が再建されたのを機に、震災の1年3か月後に近接の新たな場所で新店舗をオープン、大きな借金を背負った。この頃から川崎さんは父親から店の切り盛りを任される。それまでの配達中心から店舗販売に踏み切り、同時に集客のために酒類のディスカウント販売を始めた。これが大当たりし年商4億にまで登りつめた。

ところが2001年に酒類販売の規制が緩和され、周辺のコンビニエンスストアなどがアルコール販売を始めて風向きが変わった。安値競争に巻き込まれたのだ。お客は30分の1に激減、何をしても経営は傾くばかりで業績はどん底になった。

そんな折、今度は予期せぬ病気が川崎さんを襲う。背骨に菌が入り「化膿性脊椎炎」を患い生死をさまよった。主治医からは「良くて下半身不随、最悪は死を覚悟してください」と告げられ、投薬が続いた。なかなか効果が出ない中で主治医から聞いたのは、菌に打ち勝つには最終的には人間の免疫力が関わるという話だった。自分で調べたところ、免疫には粗食が有効という情報にたどり着いた。そこで家族に頼んで、店で扱う玄米で作ってもらったおにぎりを食べ続けたところ、みるみるうちに病状が改善。主治医も驚くほどの驚異の回復を遂げて、無事に退院した。

「米屋の息子がコメで命を助けてもらったのに、ただ普通にコメを売っていたら罰が当たる。コメに恩返しをしないとあかんと思ったんです。ここからやっと使命感を持ってコメと向き合うようになりましたね」と、川崎さんは言う。

実は酒類の安売りをしていたとき、コメは酒との抱き合わせ商材としており、ビール１ケースをコメとあわせて買えば割り引くというような商いをしていた。誠実に売らなければと、まずは勉強をして五つ星お米マイスターをはじめ、米・食味鑑定士、お米アドバイザーの資格を取得。さらにコイン精米機を導入し、店頭には玄米を並べ、取り扱い品種数も増やし、次第にお客が集まる人気店へと変貌していった…。

新卒採用する店

ここまででも聞き応えのある話なのだが、今回のインタビューでわたしが聞きたいことは別にあった。「いづよね」は２０１７年から毎年、新卒採用をしている。卸などの大きな会社と違い、町の米穀店は基本的に家族経営だ。パートやアルバイトを雇う店は多いが、新卒採用をするところはほとんどない。企業が新卒を募集する際にはたいてい、会社概要として資本金や売上高などを公開する。いづよねはそれに加えて取引件数も、一般家庭・飲食店・保育施設別に細かく公開している。普通のお米屋さんは公開したがらない情報だ。そこまでして、あえて新卒を採用する理由は何だろうか。

川崎さんは店のイメージカラーのオレンジ色の上っ張りを着てにこやかに現れた。つるりとした頭と血色のいいパンと張った顔で若々しい。

「今年の新卒採用は4名でしたね」と、わたしが言うと、川崎さんはにっこりした。

「はい、おかげさまで合同企業説明会でもたくさんの人が集まってくれました。今年度の新入社員を入れると社員は現在13名、そのほかにパート4名と僕がいます」

「お米屋さんでこれだけの人を雇うのは大変だと思います。あえて新卒を取る理由は何ですか?」

「中途採用だと『いつから（給料は）ナンボで来れる?』という話になり、いかにも人手を雇う感じになるんですよ。それに対して新卒採用というのは、会社の未来を変える人材を雇いたいという気持ちで行っています。いわば設備投資と同じような感覚だ、というのを先輩から聞きました」

「お米屋さんの先輩ですか?」と聞き返すと、川崎さんは183センチの大きな体を揺すって笑った。

「いいや、お米屋さんの先輩はそんなん言うてくれる人はおらへんので、経営者の先輩です。人手として雇うなら、運転免許を持っていて配達がすぐできる人の方がそりゃ即戦力になるわけですけれどね。

新卒採用の場合は、例えば、それこそファックスの送り方すらわからないような子が来るんです。その子たちに配達のルートや礼儀、接客とかそうしたことをひとつずつ全部教えていかなければならんのですけれど、中途と違うのは僕の理念に共感した人が入ってくるということですね。中途やったらどうしても前の会社の考え方ややり方を引きずってくるんですけれど、新卒はそこが違う」

経営の視点とマネジメント

どうやら川崎さんは、いづよねとしての理念をとても大切にしているようだ。具体的にはどんなことだろうか。

「僕はコメに助けてもらったんで、お米で日本中の家庭を笑顔にしたいなと思っていまして。家がどんなにゴージャスでも、ご飯がおいしくなかったら笑顔にならないじゃないですか。おかずが少々質素でも、炊飯器をパカッと開けてキラキラッとしているご飯を口に入れたら、それだけで笑顔になると思うんです。

家で笑顔が増えたら学校や会社でも笑顔になって、そしたら神戸市が笑顔になって、兵庫県が笑顔になって、今すぐは無理でも日本中がもっともっと笑顔になるんちゃうかなと。日本中に笑顔が増えていったら、コメで命を助けてもらった恩返しができるんちゃうかなと。そういう私利私欲にまみれているんですけれどね」

と、川崎さんは冗談を飛ばした。自分の言いたいことをするするとよどみなく面白く話せるのは、想いが強いだけでなく、それを何度も言葉にしているということだ。社員にもそれがよく伝わっているのだろう、ほんとうに笑顔の多い職場だ。

「社員さんも楽しそうに働いていますが、社長として心がけていることは何ですか？」

「大前提としてですね、『採用に勝る教育なし』という言葉があるように、後から教育するのは難しいので、うちの会社に合う子しか採用していないです。

会社説明会では、『僕は茶碗一杯のご飯で日本中を笑顔にしたい、そのためにはたくさんの人にお米の味や楽しさを伝えてお米に興味を持ってもらわないといけないと思っているんです』と、熱く語ります。この洗礼に耐えられる子を採用しているというのが大きいですね」

洗礼、と川崎さんは冗談めかして言ったが、たしかに川崎さんのユニークなキャラクターと明確な主張は学生にもわかりやすい。なんとなく入社する、ではやっていけそうにないと思うだろう。

「仕組みとしてやっているのは、毎月1回の個別面談です。個別面談シートというものを用意していて、そこに先月から今月までにやると決めた項目、今抱えている問題点とその解決策、来月にすることを書いてもらい、それをもとに面談します。先月のシートと今月のシートがあればひとりでPDCA[※1]を回せます」

驚いた。これは多くの企業で行われている「目標による管理」や「1on1ミーティング[※2]」の手法だ。

「なるほど、社員さんが自分で目標を設定して、それが達成できたか、できなかったときは問題点が何かなどを話し合いながら、いっしょに目標をクリアしていこうというのですね。定期的に面談することで、社員さんとのコミュニケーションも図れるでしょうし、素晴らしいですね！」

と思わず言うと、川崎さんは「はい」といっそう大きな笑顔になった。

「社員さんたちには、お客様の笑顔を作り出すために何ができるか常に考えなさい、と言っているんです。お客様はずっと同じサービスを続けていると慣れてしまうから、常に新しく何ができるんだろうと考えて、と」

※1　PDCA…Plan（計画）、Do（実行）、Check（評価）、Action（改善）のサイクルを繰り返すことにより、業務を継続的に改善する方法。主に日本で用いられている。
※2　1on1（ワンオンワン）ミーティング…人材育成を目的として、定期的に上司と部下が1対1で行う対話（面談）。

自主性を重んじる社員教育

他方、いづよねはお米の研ぎ方や炊き方、品種の解説などの動画をYouTubeでアップしている。わたしは、これはお客向けの宣伝の一環だと思っていたのだが、川崎さんの真意は違うらしい。もちろんお客さんが見てくれたらいいな、という想いはあるが、実は社員向けだという。川崎さんも社員も多忙でなかなかまとまった時間が取れないため、この動画で勉強しておいてね、という意味を込めて作成しているらしい。もうひとつの目的は内定者向け。これを見て、入社するまでにある程度の知識を得てきてほしいという。

その他、例えば、商品の値札やポップを作成したいが技術が足りないという社員には、就業時間外に個別に研修を受けられる体制も作っている。また社員旅行は産地を訪問し、9月の内定者研修は内定者と全社員を連れて、これも産地方面へ旅行するという。すこしでも社員に学ぶ機会を与えて支援したい、という気持ちの表れだろう。

笑顔の絶えない川崎さんだが、きっと社長としては厳しい側面もあると思う。でも社員は社長の理念に共感しているからこそ、がんばろうと思えるのではないだろうか。実際、新卒採用で辞めた人はほとんどいないという。

社員の平均年齢は26歳くらい。若い社員が楽しそうに元気に働く店には活気がある。そんな雰囲気にひかれるのだろう、来店客も20代から40代半ばくらいの人が多いらしい。これは米穀店の来店客層としてはかなり若い。地域の保育園や保育施設にも納入しており、子どもから「保育園のお米と同じお米にして」とリクエストされた母親が来店することもあるそうだ。

川崎さん自身は店頭に出て接客したり配達に行ったりすることは、できるかぎりしないようにしているという。自分が前面に出てしまうと、不在のときに来店したお客様が損をした気持ちになるのでは、という配慮だ。それに客先に顔を出さないからできることもある。

「お米を納入している保育園で毎年クリスマス会があるんですが、毎年僕がサンタクロースの役をしているんです。配達している社員だとバレちゃうから。まあ、サンタボディーな僕がやるとちょうどいいという話もありますけれど。でも、これがけっこう難しいんですよ。年中さんくらいになると、僕が『こんにちは～』と入っていくと、『おまえ、日本語しゃべってるからサンタちゃうやんけ！』と言われたりして。ハハハッ」

明確な未来イメージ

快進撃を続ける川崎さんに、十年後の自分と会社はどうなっていると思うか聞いた。意外なことに、彼はすこし考え込んでしまった。

「十年って簡単にみなさん言うんですけれど…十年といったら大きいですよ。うちは今でこそ月間750俵くらい出ますけれど、十年前はまだ200俵くらいだったと思うんです。新卒採用もまったく頭になかった。この十年はそれくらい大きく変わりました。時代に合わせて変えていかないといけないので、ここから十年先というのは…なかなか見えないですね」

素直な人だなと思った。たいがいの人は将来像を聞かれると、もしよく考えていなかったとしても、その場で何かひねり出して取り繕おうとする。ましてや店主、経営者である。わからないなどと言いたくないではないか。川崎さんがそう言えるのは、ここまで彼が積み上げてきた経験と自信があるからだ。そして現実をしっかり捉えているからこそ、未来の厳しさと難しさを感じているに違いない。

「十年後は難しいけれど、五年後だったらイメージがわきます。おにぎり屋さんをやってみたいですね。なぜかというと、お米はやっぱり炊いて初めて食べられる。でも炊き方をわかっていない人が多いので、ちゃんとおいしく食べてもらっているか不安なんですよ。それと、新卒採用は一回始めたら必ず継続して後輩を作ってあげないといけないので、そうなると社員さんも増えるから、組織としての仕組み作りもしなくちゃいけない」

川崎さんに再び、スイッチが入ったようだ。想いが言葉となってあふれ出る。

「神戸の中では誰もが知っているようなお米屋さんになりたいですね。うちの会社が大事にしていることのひとつに、自分から自慢したい店になる、というのがあるんです。社員さん一人ひとりが、いづよねで働いているのを自慢できるような、そんな会社になりたいですね。

そのために、社員さん一人ひとりにファンがつくような店づくりをしています。『アンタからお米を買いに来たのよ』と社員さんに言ってくれるようなお客さんであふれかえる店でありたいなと思っています。そうでないと楽しくないですからね！」

（3）輸出で小さなてっぺんを狙う男

新型コロナウイルスが世界を一変させる前の日々を思い出してほしい。日本は相変わらずの低成長経済だったが、ひとつだけとても元気なところがあった。インバウンド需要である。訪日客は年々増えて、２０１９年には3千万人に達し、５兆円市場に拡大していた。外国人の旺盛な胃袋はラーメンだけでなく、寿司や牛丼、天丼など米飯を大量に飲み込んだ。

和食は２０１５（平成25）年にユネスコ無形文化遺産に認定された。その頃から日本食は世界的なブームになった。映画や雑誌、インターネット上で取り上げられ、海外セレブたちが競って食べるようになった。ただ、ハリウッドスターが喜んで食べていた高級な握り寿司ですら、ほとんどがカリフォルニア米だといわれている。最近はカリフォルニア米もおいしくなっているとはいうものの、なぜ日本のお米ではないのだろう？ 高級店でもあまり使われていないことを考えると、単に価格の問題だけではなさそうである。

近年、海外の高級レストランに上質な日本産米を卸しているお米屋さんがいる。浅草・駒形の「隅田屋」だ。浅草駅から駒形橋で隅田川を渡ったところにある、創業１９０５年の米穀店である。今ではほぼ見かけなくなった大型循環式精米機を代々大切に使い、古式精米法と銘打って独自の精米とブレンド技術を誇る。

５代目の片山真一さん（56）は数年前から積極的に海外展開を始め、現在、ニューヨークやサンフランシスコ、シドニーなどの高級寿司レストランに、自前のブレンド米を送っている。その片山さんがドバイで炊飯指導をしてきたと聞き、帰国後まもない時期に話を聞くことができた。

２０２２年2月のことである。

ドバイの日本産米イベント

アラブ首長国連邦（ＵＡＥ）は、お米をよく食べる国である。ただし粘りのある日本のお米のようなジャポニカ米ではなく、ほぼすべてインディカ米（長粒米）で粘りがなく、パラパラしている。近年、ＵＡＥで使われるお米は、インド料理で使うバスマティライス（インド米）が多い。調理法も日本米とはだいぶ違う。日本はお米を十分に吸水させてから煮て、そのまま蒸した状態にして、蒸発分以外すべての水分をお米に吸収させる（炊き干し法）。ところが長粒米はやわらかいため吸水させず、いきなり熱湯に入れて煮てそのあとザルに上げて湯切りをする（湯取り法）。ＵＡＥの代表的な米料理は、香辛料を加えて炊き込みご飯にしてその上に肉や魚などの具を載せるマチュブース、白と黄色の二色のスパイシーな炊き込みご飯であるビリヤニ。いずれもご飯と具を混ぜた状態で食べる。つまりお米を食べる文化ではあるが、日本とは異なる食味のお米を、日本とはまったく異なる方法で食べるお国柄なのである。

さて、片山さんの出張話を進めよう。五ツ星お米マイスターの彼は、全米コメ・コメ関連食品輸出促進協議会がドバイとフジャイラで主催したイベント〝Exporting the deliciousness of Japanese rice〟に、日本産米の価値を伝える講師として招かれた。これは農林水産省のコメ海外市場拡大戦略プロジェクトに基づいた事業の一環である。

成田からドバイまで、飛行機の直行便で約十二時間。聞くだけで腰が痛くなりそうだが、コロナの影響で機内は空席だらけ。エコノミーのシートをフラットにしてよく眠れたらしい。現地はドバイ国際展覧会（ドバイ万博）が開催中ということもあり、驚くほどの人出でにぎわっていた。

イベントは二日間行われた。一日目はドバイのプロ向けの料理学校ICCAを会場に、バイヤーやインポーター（輸出輸入業者）向け。二日目はドバイから車で二時間のところにあるフジャイラで、ＵＡＥのシェフ組合の会合がシェフ向けに行われた。イベントは二部構成。まず第一部で片山さんが日本産米の特徴を説明し、自ら持ち込んだお米で実際に炊飯する様子を見せる。第二部では炊いたご飯を現地の王室御用達シェフである小野寺達明氏が調理し、料理として提供。実際に試食してもらうというものである。

日本のコメの特徴を伝える

片山さんはコロナ前にはこうした海外イベントに毎年のように出かけていたが、新型コロナウイルスが感染拡大してからはすべてリモート出演になったという。

「リアルで行うとやはり違うものですか」と、わたしは聞いた。

「まったく違いますね。今回はインポーターとシェフが対象者だったので、いちばんの目的は単に炊き方を見せるだけではなくて、試食していただき質問にお答えすることでした」

わたしは興味津々に「どんな質問が出ましたか」と、聞いた。

「みなさん非常に関心が高くて、日本のお米がおいしいということはご存じですね。ただ現地には日本産米がごく少量しか入っていないため、食べたことがない人が多いです。

シェフからは日本産米はどうして粘るのかとか、どうやって食べたらおいしいのか、（現地料理のような）炊き込みご飯にはできるのか、などの質問がありました。品種が違うこと自体を知らない人も多かったので、日本産米はみなさんが食べている長粒米とはアミロースとアミロペクチンの構成が異なるということから説明しました」

お米の粘りは、お米のデンプンを構成しているアミロペクチンとアミロースの比率で決まる。アミロペクチンが多いほど粘り、もち米はアミロペクチン100％でアミロースはゼロだ。コシヒカリに代表される日本産米（短粒米）は低アミロース・高アミロペクチンである。これに対して、アミロース比率が高いインディカ米はパサパサしている。

「日本食ではこの粘りを是とするんですよ、と説明しました。特にお寿司にはこの粘りがないと握れません、と」

「でもドバイではお寿司が流行っていると聞いたのですが」と、わたしは口を挟んだ。片山さんは「ああ、それはね、」と答えた。

「あちらではSUSHIといってもほとんどがロール寿司です。生のネタの握り寿司を出しているのはハイクラス中のハイクラスだけ。主流はロールです。それも魚がネタではなく、玉子やキュウリなどの野菜巻きでヘルシーなロール寿司。そんな状況なので、受け入れられやすいよう、試食には相当気を使いました」

試食の工夫

試食と聞いて気になるのは食べ方だ。日本では（当たり前のように）ご飯だけを茶碗に盛り、おかずとご飯を交互に口に入れて食べる。この食べ方は口中調味といい、世界でも日本だけの独特の食べ方なのだ。

日本食をよく知らない外国人はたいてい、ご飯をひとつの料理と捉えて、スープやサラダのように前菜としてライスだけを食べる。初めて来日した外国人が天丼をまず天ぷらだけ食べて、そのあとに残ったご飯だけを食べた、なんてことも実はよくある。もちろんそんな食べ方では、日本のお米のほんとうのおいしさはわからない。

片山さんもそこを承知していて、事前に小野寺シェフとどんなものが口中調味としてわかりやすいかを考えた。

「今回は二種類のお料理を提供しました。ひとつはサーモンの握り寿司。生ものが食べられない方も多いので、和牛をあぶって乗せたお寿司も出しました。握り寿司を体験していただくことで、口中調味の素晴らしさを感じてもらおうと思ったんです。特に和牛はいちばん脂の多い部位を日本から持っていったので、酢飯といっしょに食べることで口の中がさっぱりする。そういうことを説明しながら食べてもらいました。二つめはシャケの焼き物とご飯です。シャケは厚切りにしてスチーム加熱したサーモン。塩味が強いので、ご飯をいっしょに食べることでおいしく食べられるようにしました。ご飯を盛りつけた平皿にサーモンを取り分け、自分でフォークで混ぜて食べてもらいました」

「なるほど、ビリヤニ・スタイルですね。わたしは料理の仕事もするので、今回のメニューがよく考えられていることがわかります。素晴らしいですね！」

「ありがとうございます。どちらも大好評でしたよ」と、片山さんは笑顔になった。

「特に二日目は組合のシェフの方たちで、みなさんよく理解されて大変好評でした。というのも、彼らは国際的なバックグラウンドがある方たちで、日本に来たことがある人や、ほんとうの生魚のお寿司を食べたことがある人もいます。サーモンのお寿司もとても喜ばれました」

イベントは大成功だったようだ。

炊飯指導をする

片山さんが日本産米の良さを伝えるときに大切にしているのは、食味だけではない。調理のしやすさも強調する。おにぎりにしてもお寿司にしても、日本産米は作りやすいことを伝えるという。しかし、中東には日本の炊飯器メーカーが参入しておらず、業務用の炊飯器はほとんど普及していない。そんな中で調理がしやすいとはどういう意味だろう？

日本産米の大きな特徴は徹底した品質管理にある、と片山さんは言う。日本では種から出荷まで国がしっかり管理しており、お米の水分量は一定に規定され、さらに常に同一年産で一年に一度しか切り替わらない。特別にオーダーしないかぎり、複数年産米が混じることはない。

これに対し、ＵＡＥで寿司飯として使われているのは主にイタリア米。中東から欧州にかけての地域では、カリフォルニア米は大西洋を渡るので価格が高くなるため、イタリア米が多いらしい。そのイタリアでは、お米は熟成させるという考え方があり、年産を重ねれば重ねるほど価値が高いとされる。これはパエリヤなどの料理には非常に良いのだが、お寿司のシャリとして使うには、お米の水分量が安定しないため、非常に炊きにくい。その点、日本産米は水分量など品質が常に一定なので、扱いやすいというわけだ。

さらに炊き方の問題もある。日本の炊飯器が普及していないため、長粒米と同じように鍋を使い、湯取り法で炊いている。そもそも日本の炊飯方法である炊き干し法を知らない人が多く、「蒸らし」もしていない人も多い。わたしは心底驚いた。

「そのご飯でお寿司を作っているんですか？」

「そうなんですよ」と片山さんは言った。「だから粒感がなくてダマになり、デロデロのシャリになる。当然、握りには向かないけれど、ロールならできるわけです。でも彼らはそれがお寿司だと思っているんです。本物を食べたことがないから仕方がないことなんですけれどね」

そこで片山さんは「お寿司とライスボール用のレシピ」として鍋で炊く方法を紹介して、参加者に冊子を持ち帰ってもらった。

「要するに、このお米はこうして炊いてくださいという説明書ですよね。そこまでしないと日本産米の価値が伝わらないと思うんですよね。湯取り法で炊いてしまったら、日本産米もインドやタイのお米と同じになってしまう。

実は中東には、ベトナムやタイの安い短粒種（日本と同じジャポニカ米）が入ってきています。そちらはカリフォルニア米よりも値段が下がるので、かなり使われてきています。市場価格が日本産米の6分の1とか8分の1なので、そちらを使うようになっちゃうわけで。そうすると、日本産米は炊き方まで教えてナンボなんですよね」

ニッチ戦略で海外マーケットへ

片山さんの口が滑らかになってきたところで、日本のお米の国際競争力についてどう思うか聞いてみた。

「農林水産省は日本のお米は世界一だと思い込んでいます。他方、例えば中国は、日本を追い越せと莫大なお金をつぎ込んでいると聞いています。最近では黒竜江省などで、日本のお米くらい良いお米ができています。まだまだ中国国内の富裕層向けですが、もし中国が本気で輸出を始めたら、日本はあっという間に追い越される可能性があると思いますね。日本は一時期に特A落ちした魚沼コシヒカリじゃないけれど、長年トップにいるおごりみたいなものがあるんじゃないかなぁ」

片山さんはここまで一息で言うと、もぞもぞと座り直した。

「中国はまだまだですが、実は他の国がいいものを作り始めています。『すき家』のゼンショーは、ウルグアイで自らコシヒカリを作っています。これが非常においしい。アメリカ国内でも

SUKIYA-MAIとして、カリフォルニア米のプレミアム米であるTAMAKI RICEと同価格帯で販売しています。なぜそんなにおいしいものが作れたかというと、TAMAKI RICEを作った田牧さんが現地に入って指導しているんですよ。こんなふうに世界のいろいろな国が短粒米を作り始めていて、適地適作が行われるようになったら、非常におっかないことになるんじゃないかと考えています」

かなり怖い話だ。しかも現在進行形である。

「ただ、わたしがいくつかのお米関係者に取材したところでは、現在、台湾やシンガポール、欧州向けに出している人たちですら、輸出はあまりうまみがないと言う人が多いのですが」と疑問を投げかけた。片山さんはその問題ね、と合点した表情をした。

「これは弊社の考えですが、国内には二種類のお米の戦略があります。ひとつは主食用でスーパーなどに並ぶいわゆる普通のお米。これは(株)神明さんや木徳神糧(株)さんなどの大手の卸さんが扱うもので、圧倒的な物量で物流費を安くして、安価に販売します。もうひとつは弊社のような業者。贈答用や高級なお寿司屋さんで扱うような嗜好品としてのお米です。

海外でも同じことで、日本産米を大量に扱う卸会社ががんばる一方で、弊社は高級スーパーで相対で直接手売りをしたり、高級レストランに乗り込んでいって大将と話しながらブレンド米を作ったりする。つまりピラミッドの『てっぺん』戦略です。今回のドバイも、木徳神糧さんも全農インターナショナルさんも行っています。そちらは在留邦人用で、わたしが狙うのは高級レストラン。ニッチなてっぺんです」

なるほど、片山さんの隅田屋はニッチ戦略として輸出を行っているわけだ。一般消費者向けの抑えた価格のマーケットは大手が得意とする分野だから、その隙間ともいえる高級志向の中でも超ハイクラスを狙う。その隙間市場へ、日本産米の中でも産地が明確で高品質なお米を、取り扱い方を含め料理に合った提案までしながら売り込みをかける。これは商社ではできない売り方だと、片山さんは言う。

日本型総合商社の限界

「まさにドバイでこんなことがありました。ドバイの王様が『世界でお米がいちばんおいしい国は日本だと聞いた。その日本でいちばんおいしいお米を食べたい』と言った。王室の食料調達担当者は慌てて日本の商社に相談し、商社はいそいそと魚沼産コシヒカリを持っていきました。ところが、王様が食べたのはお寿司。粘りが強すぎておいしくないし、寿司ロボットの機械にも通らない。その結果、その時は何十トンと商社から購入してくれたのだけれど、二度とリピートはなかったそうです。ひどい話ですが、これは当たり前なんです。なぜなら、商社にとってお米は何千もある商材のひとつに過ぎないから、価格で判断することになる。だから『いちばんおいしいお米』と言われたら、最も値段が高い魚沼産コシヒカリを出すのは致し方がないんです」

そう言われてあらためて気が付いたのだが、日本の総合商社は何でも扱う。これは日本だけの独特な形だといわれている。もちろん良い面が大きいのだろうが、弱点にもなる。世界ではカーギル（Cargill Inc.）やアーチャー・ダニエルズ・ミッドランド（ADM）など、主要穀物を専門に手掛ける穀物メジャーと呼ばれる大手商社があり、買い付けから集荷、輸送、保管までを手掛ける。上位5社で世界の穀物取引の約8割を占めている。

お米は世界で年間約4億8千万トン生産されているが（小麦に次ぐ生産量だ）、そのうち貿易されているのはわずか9％だ。貿易率が低いとはいえ、世界では6割近い国がお米を主食としている。そこに穀物メジャーが目を付けないわけがない。実際、ADMが、中国の福建省厦門（アモイ）市でアメリカ米のテスト販売を始めるというニュースが飛び込んできた（2020年11月）。ADM担当者は、アメリカ米は近年、価格や食味など国際市場での競争力が向上していると言い、鼻息も荒いようだ。

海外の顧客の視点に立つ

日本のお米は世界で戦えるのだろうか。なんだか心配になってきたわたしに、片山さんは力強く言う。

「だからうちみたいな小さな業者が必要なんです。うちは必ず現地のディストリビューター（販売代理店）と組みます。彼らは『どこそこのお客様がこういうものを欲しがっています。社長何かオススメはありますか？』と言ってくる」

「現地のディストリビューターだからこそ、お客様のことをよくご存じなわけですね」と、わたしは大きくうなずいた。片山さんもうなずいた。

「そうです。ただし、ディストリビューターもわかっているようでやっぱり半分くらいしかわかっていないから、わたしが直接、『お悩みは何ですか？』とお客様の聞き取りをします。なぜかというと、海外でがんばっている高級なお寿司屋さんは日本人のシェフが多い。でも現地のディストリビューターは現地の方が多い。だから日本人のシェフの要望が、外国人の咀嚼を受けて日本の商社に行くという、伝言ゲームみたいなことになってしまう。乱暴な言い方をすると、日本人のシェフのみなさんは、海外では欲しいものは手に入らないと半分諦めているんですよ。

商社や卸の方も、彼らはコンテナ単位の大きな物量で動かすので、量が少ない高級なお寿司屋さんは相手にしないし、お寿司屋さんも買いたいと言えない。日本国内でも同じだけれど、お寿司屋さんは高級店になればなるほど、一か月の使用量は少ないですからね。ランチ営業はしないし、握りも小さい。客席もシェフ一人につき8席が限界ですから。その点、うちはディストリビューターの混載便を利用できるから、少ない量でも出せるという強みがある」

「ふうん、商社はなんだかおおざっぱでダメですねぇ」とわたしが言うと、片山さんは慌てて、いやいやと手を振った。

「うちのお米も一部、大手さんに扱ってもらっているんですよ。ただ、うちは超ニッチなところを開拓しているというだけです。その国のお米のマーケットをピラミッドとすれば、『てっぺん』をうちの日本産米がとることができたら、シャワー効果でピラミッドの裾野まで広がる。そこに大手卸さんの運ぶお米が入れる。つまり『高級なレストランでは日本のすごいお米を扱っているね。でもスーパーではもうすこし安価な日本産米も売っているから食べてみよう』という具合にね。こうなればうちも大手さんもWIN-WINになると思っているんです」

うまいことを言う、とわたしは感心した。たしかにフード・トレンドというのは、たいてい高級レストランや高級スーパーを起点とすることが多いのだ。企業が仕掛けるよりも、グルメ雑誌や番組で取り上げられるとか、インターネットでグルメのインフルエンサーたちが流行を作っていくことの方がはるかに多い。

片山さんの「てっぺん戦略」で、世界のあちこちの国で日本産米がブームになったら、と想像するとわくわくしてきた。片山さんが楽しそうに続ける。

「実はね、最近、海外のシェフから直接、フェイスブックなどでいきなりご連絡いただくことも多いんです。社長、お米を売ってくれませんか、どうしたらいいですかって」

「面白いですね！　そのうち世界の三ツ星シェフたちの間で、おいしいお米を調達したければ日本のカタヤマに聞け、と噂になるかもしれませんよ」と、わたしが言うと、片山さんはくしゃっと笑った。

「いやあ、そうなったら嬉しいですけどね」

日本のコメの素晴らしさ

片山さんは、「日本産米はやっぱり素晴らしいなと思う」と言う。

「何が素晴らしいかというと、わたしは短粒米も長粒米も含めて、世界のいろんなお米を炊き比べています。そこで思うのは、日本産米の扱いやすさは世界一だということ。英語でいうとallowanceです。調理の際の許容範囲が広い。多少水加減を間違えたって、蒸らしをしなくたって、ある程度ベターな炊き上げができるのは日本産米だけです。他のお米だと水を間違えたら確実に芯が残るし、入れ過ぎたらべちゃっとなるし。日本産米の良さは外に行ってわかる。この良さをもっともっと伝えていきたいなと思います」

おお、そうきたか。わたしは日頃、一般消費者に向けて「お米はデリケートなんですよ、扱いは気を付けて。研ぐのはこうして、炊き方は…」と細かく注文を付ける。わたしだけでなく、こだわりのお米屋さんはみんなそうだ。片山さんだって、自身のお客様である飲食店には厨房まで入り込んで炊飯指導をする。

でももしかしたら、良かれと思ってしている、こうしたいわゆるお米のプロによる指導が逆に、人々がお米を食べるハードルを上げているのかもしれない。片山さんの経験を通して、日本のお米の新たな魅力を見つけた気分になった。

そしてもうひとつ、片山さんの話を聞いて思ったことがある。片山さんが海外のお客様に売っているのは、お米というモノだけではない。お米という食材の特徴を相手にわかるように説明し、丁寧に炊き方を教え、お客様の料理に合うようなお米を（時には特別にブレンドして）提案し、お客様の「おいしい」と「欲しい」に最大限寄り添う。そこまで含めて、隅田屋のお米なのだ。片山さんは「炊き方まで教えてナンボ」と表現していたが、要するにそういうことだ。モノを売るのではない。お米を通して、日本のお米の楽しみ方や食文化を提供する、のである。

わたしたちは商品を売るときに、まるで売れ行きがよくなる呪文のように「付加価値を付ける」と言う。でも、その意味をほんとうにわかって実行している人はどれくらいいるだろう。片山さんはそこに意識を向けた売り方をしているからこそ、現地のディストリビューターやシェフからの信頼が厚く、またこのコロナ禍でも次々と商談が成立しているのだろうと思った。

「片山さん、ほんとにすごいですね」とわたしが言うと、彼は「いえいえ、つぶれないように必死にがんばっているだけです」と謙遜した。その目には自信と強気の光がキラリと光っていた。

（4）自社生産を始めた米穀店

良質な商品を売る店が仕入先や商品の生産者にこだわるように、こだわりの米穀店は、米卸売業者から仕入れるだけではなく、良質なコメを扱うＪＡや生産者と直接取引をしてより良いコメを仕入れようと努力する。そこからもう一歩踏み込んで、自ら稲作を始めたお米屋さんを取材した。石川県野々市（ののいち）市の(株)米屋の代表取締役・魚住雅通（まさみち）さん（47）と、沖縄県石垣市のみやぎ米屋株式会社の常務取締役・宮城智一さん（43）の二人の話を聞いて、共通点を探っていきたい。

◆(株)米屋・魚住雅通さん

石川県の米屋は創業以来、卸売業一筋でやってきた。家業を継承した魚住雅通さんと弟の文男さんは、卸売だけでなく自分たちでも米作りをしたいと考えた。二人で話し合い、文男さんが6年前から取引のある生産者のもとで、稲作の見習いを始めた。数年ほど経験を積んだ頃、ある生産法人が高齢化で事業を畳むので田んぼを引き継いでくれる人を探している、という話が舞い込んできた。そこで、修業を積んでいた文男さんが手を挙げ、「米屋ファーム」として始めることになった。こうして会社から車で40分ほどかかる山間の土地で、15ヘクタールから(株)米屋の挑戦が始まった。この広さは農業者でないと実感しにくいのだが、おいそれと手を出せない大した広さだ。

魚住さんは「先方にもうちにも本当にタイミングがよかったです」と謙遜するが、この話がトントン拍子にまとまったのは、魚住さんが長年、生産者たちと誠実な取引をして信頼関係を築いてきたことが大きい。魚住さんは生産を始めた理由を話した。

「スタートは、生産から販売まで一貫して責任を持ってやっていきたい、と考えたことからでした。圃場（ほじょう）（田んぼ）は弟がやっていますが、わたしも時々見に行きますし、農繁期には手伝っていますよ」

「お米の出来はいかがですか」と聞くと、魚住さんは嬉しそうな顔をした。

「なかなかいいですよ。収量はまだまだ足りないのですが、特に令和３年産は良い出来でした。今年はすこし増えて16ヘクタールになります」

もち米の和菓子文化を支える

米屋ファームが手掛ける品種はコシヒカリ、ゆめみづほ（石川県のブランド米）、もち米（糯米）のカグラモチだ。魚住さんはもち米をとても大切にしている。というのも、石川県はお餅をよく食べる食文化が色濃く残っているからだ。和菓子が有名な金沢市をはじめ、石川県・富山県・福井県の北陸三県は、餅の消費金額も量も多い。

「ご存じのように、和菓子屋さんは大福やお赤飯の材料としてもち米を使います。昔は和菓子組合があり、もち米は和菓子組合でまとめて農協から仕入れていました。うちは祖父の代から、そのもち米の県内唯一の指定搗精（とうせい）（精米のこと）工場だったんです。祖父は、和菓子屋さんのために絶対に品質の高いもち米を届けなければいけない、と日々精米技術を磨いていたと聞いています。残念なことに今では店を閉じられた和菓子屋さんも山ほどあります。また今は多くの和菓子屋さんが、昔のように組合ではなく、うちのような米穀専門業者からもち米を仕入れています」

わたしの住む首都圏でも和菓子屋さんは減る一方だ。うちの近所ではここ数年で、老舗の和菓子屋さんが3件も店を畳んだ。仕方ないので最近はお大福もお団子もスーパーで買っているが、昔ながらの手作りを販売する和菓子屋さんとは比べ物にならない。魚住さんの話を聞いて、和菓子屋さんがおいしいのは小豆だけでなく、もち米がちゃんとおいしいからだと今更ながら気が付いた。コメの世界はうるち米（粳米）だけではないのだ。魚住さんは続けた。

「和菓子屋さんが激減したとはいえ、石川県は餅文化が盛んなところだと思います。うちは和菓子屋さんとのお付き合いが続いていて、現在は北陸三県の150件くらいの和菓子屋さんとお取引きがあります。毎日どこかしらの和菓子屋さんに配達していますよ」

「すごいですね。和菓子屋さんを支えているといっても過言ではない。量的にはどれくらいなのですか」

「当社の年間のお米の取扱量がだいたい1200トン。そのうちの4割がもち米です。これでもだいぶ減りました。昔は餅屋さんで交わされるコミュニケーションもあって、『〇〇さんの家では赤ちゃんが生まれたから、一升餅を準備しんなん（しなきゃね、の金沢弁）』とかね。そういう文化も廃れていってしまいますよね」と、魚住さんはすこしさみしそうな顔をした。

「話は戻りますが、お米の生産を始めたということは、卸専業からすこしずつ脱却していこうということですね？」と、わたしは経営面に話を振った。

「そうですね、将来的にはうちが生産したものを精米して販売し、そこから加工品もできたらいいなと思っています。そのためにも売り上げを伸ばすことが必要で、お客様を増やしていくこと、つまり今までやってきた卸売もとても大事なのですが、それに加えて、事務所でついでのようにやっていた小売の方にも力を入れていこうと思っています」

コロナ禍での新たな挑戦

飲食店への卸売が主だった㈱米屋は、コロナ禍で大打撃を被った。そこで卸売から大きく方針転換し、コロナ以前から試験販売的に細々としていたおむすび販売とお米の小売に力を入れることにした。事務所を大幅に改造して2021年の秋に、店舗としてリニューアルした。

「リニューアルしてよかったですか？」と聞くと、魚住さんは声を弾ませて言った。

「はい、これまでは近所の年配の方がほとんどでしたけれど、店構えを見て来店するお客様が増えました。店舗の効果を実感していますね」

本格的に小売を始めて、初めて1キロ単位の量り売り精米もするようになった。これを求めるお客が想像以上に多く、社員にとっても新鮮な驚きだったという。おむすび販売もすこしずつ売り上げが伸び、週末は完売続き。来店客を増やすのに一役買っているようだ。

「今年2022年はもうひとつ、新たに始めることがあるんです。冬場の作業として、餅の加工も始めます」と魚住さんは明るい声で言った。

田んぼを引き継いだ生産法人は餅加工もしていたのだが、高齢化でそれもできなくなったため、魚住さんが引き受けたという。主に正月用「のし餅」を作る予定だ。自社農場で作ったカグラモチで作る「のし餅」ができそうですね、とわたしが言うと、「そうなったら、相当希少なプレミアム餅になりますね」と笑った。

魚住さんが目指すのは、自社農場で作ったコメでオリジナル商品を作って販売していくこと。やるべきことはまだまだある。

◆みやぎ米屋株式会社・宮城智一さん

石垣島は日本でいちばん早く新米が収穫される。年間を通じて温かいため、イネの二期作が一般的だ。一期は2月に田植えを始めて、6月に収穫する。梅雨の鬱陶しい時期に、ひときわ輝く石垣島産の新米を食べると気分が晴れ晴れとするものだ（沖縄県産と表示されることが多い）。

二期作の石垣島

わたしが石垣島を訪れたのは２０１９年の8月末のことだった。機上から見る石垣島はエメラルドグリーンの海原に白い海岸線を描き、南の島のイメージそのものだった。地上が近くなると、山裾から平野部にかけて田んぼがゆるやかに広がっているのが見える。５つのダムから農業用水が引かれ、水には困らないと聞いてはいたが、想像していたよりもはるかに田んぼが多い。

宮城智一さんが圃場を案内してくれた。彼は石垣島の最大手の米穀店、みやぎ米屋株式会社の常務取締役で、コメの生産を担当している。

現地は、サングラスなしではいられない晩夏の強烈な日差しだ。田んぼにはまだ背丈が短いイネが青々とし、その上を赤トンボが飛び回る。本州ではあり得ない不思議な光景だ。混乱しているわたしを見て宮城さんが言った。

「ここは先週、二期目の田植えが終わったばかりのところです。刈り取りは11月から12月頃になります」

「こんなに暑くても、イネはすくすく育つんですね」

「はい、ぐんぐん育ちますよ。雑草も元気が良すぎて困りますけれど。ジャンボタニシや野生のカモも多いですし。でも苗の段階で被害がなければよく育ちますね」

正直なところ、来島前は石垣島にお米のイメージが湧かなかった。でも実際に来てみると、ジューシーという炊き込みご飯や、オニササという石垣島独自の変わりおむすびなど、飲食店やスーパーにはおいしい米飯料理が豊富にあった。オニササは、ふりかけをまぶしたおむすびをビニール袋に取り、そこにササミフライを入れて、おむすびにぎゅっと押し付けて食べる。お弁当をワンハンドで食べるような手軽さと楽しさがある。実際にいろいろなお米料理に出会うと、お米は島民の生活に深く根付いているように感じた。

石垣島では古くから稲作が行われており、琉球王国に貢納としてお米を納めてきた。また石垣島を含む八重山諸島で歌い継がれている八重山歌謡には、稲やお米が多く謡われている。お米は島の貴重な食糧としてだけでなく、政治的にも文化的にも重要な作物だった。こうした歴史から、石垣島の人々はお米を大切にしてきたといわれている。宮城さんによると、今でもお米を贈答品として使う文化が残っており、十年くらい前までは盛んだったらしい。

観光が主産業の島のコメ需要

宮城さんは琉球大学大学院で情報工学を学んだ後、東京でシステムエンジニアとして就職。30歳で故郷に帰ってきて、家業のみやぎ米屋に入社した。

サイドビジネスとして始めたお惣菜とお弁当の店が大繁盛して8年間続けた。店をやりながら、みやぎ米屋の仕事としてコメ作りに参入。それまで精米販売のみだったところを大きく踏み出した。すぐに圃場が増え、生産の仕事が急激に大きくなったため、店を畳んでコメ作りに専念することになったらしい。

もうすこし話を聞くために再訪を予定していたのだが、新型コロナウイルスの感染拡大で断念した。追加取材は２０２２年の春先にオンラインで行った。宮城さんはすこし日焼けした笑顔で元気そうだ。

みやぎ米屋の現在の売り上げは3億8千万円。自社の圃場は25ヘクタール。二期作なので実質は、年間で50ヘクタールで耕作している計算になる。収穫量はおよそ１８０トン。石垣市の令和3年度の収穫量が１１１０トンなので、１割強を担っていることになる。収穫したコメはほぼ全量を島内で販売している。（ちなみに宮城さんによると、一期の収穫が終わると同じ場所ですぐに二期目が始まるのだが、２回収穫できるから収量も倍になるかと思いきや、そうはならないらしい。二期米は登熟までの期間が一期米よりも短いため米粒も小さく、収量も落ちる。）

自社生産は今年で６年目になった。宮城さんは、自社圃場を50ヘクタールまで拡大したいと言う。

「石垣島では田んぼをしている方が高齢化していて、平均年齢が80歳近いんですよ。後継者もいなくて、今後５年から10年くらいで離農される方がだいぶ増えると思います。耕作放棄地にしないよう、その田んぼを守るためにも引き受けていきたい。島では我々しかできないと思っているので、集約してもっと大規模化していきたいと思っています」

ちょっと待って、とわたしは思った。今はコメ余りの時代だ。圃場を増やして収穫量が増えても大丈夫なのだろうか。

「いや、石垣島のお米は足りないんです」

「えっ、お米が足りない…どういうことですか？」

「スーパーなど量販店さんには僕らのお米と並んで、沖縄の大手卸さんの県外産のお米が売られています。石垣島の人も、量販店さんでお米を買う人がほとんどです。ただ、ホテルは石垣島の食材を使いたい。それで僕らに石垣島のお米の注文が来るのですが、今現在、このコロナ禍で売り上げが落ちている状況でも足りなくて、外の産地のお米を案内したりしています。それを自分たちのお米で、一年間安定して案内できるようにしたいんですね」

「なるほど、島民ではなくて、観光客の大きな胃袋があるんですね」と、わたしはやっと状況が飲み込めた。

「そうなんです、早く観光客が戻ってきてほしいですね。コロナ前は年間140万人来た観光客が50万人に減りましたから。観光客が戻ってきたときに安定してお米を出すためには、もっと田んぼが必要なんです」

石垣市の人口は5万人に満たない。そこへ年間140万人の観光客が押し寄せるのだ。石垣島産のコメの需要はまだまだ伸びる。


話は少々それるが、宮城さんは地元のお米を子どもたちに食べてほしいと強く思っている。学校給食のご飯の話だ。宮城さんはちょっとだけ声を潜めて言った。

「実は、子どもたちは給食で他県産のお米を食べているんですって。僕らとしては地産地消の観点からも食育の観点からも、地元のお米を食べてほしいと関係者に言いに行ったんです。が、決まっていることだからと門前払いされました」

「ああ、いわゆる大人の事情っていうやつですね」

「そうなんです。そこで他の方の協力を得て、がんばっているところです」

それはすごく大事なことだと思うので、ぜひがんばってください、と言って取材は終わった。

考えてみると、宮城さんがこうした想いに至りアクションを起こしたのも、自ら生産をしているからではないだろうか。

くりっとした大きな目に熱い気持ちを宿らせた人に会いに、また石垣島へ行こうと思った。

◆生産から販売まで一貫して行うビジネスモデル

魚住さんと宮城さんはコメの販売から生産へと踏み込んだ。生産から販売までを自社で行うのは非常に価値のあることだ。

小売・流通業界では小売業や卸売業が製造分野に進出して、商品の企画から製造、販売までを統合させて自社で行う考え方が注目されている。ＳＰＡ（製造小売）と呼ばれ、１９８６年に米国の衣料品小売大手のギャップ（ＧＡＰ）が始めた。製造や流通過程でのムダを省き、消費者のニーズに迅速に対応するビジネスモデルとしてたちまち広まった。日本ではユニクロやニトリなどが該当する。

最近では食品分野でもこの考え方が広まりつつあり、新たな「食と農の連携」としても注目されている。一例として、イオン株式会社の自社農場がある。イオンアグリ創造株式会社は、２００９年に茨城県牛久（うしく）市の耕作放棄地対策事業への参画を機に、農場を開設。現在は全国20か所、計３５０ヘクタールの直営農場と約70か所のパートナー農場で年間約１００品目の農産物を生産し、国内外のイオングループ各店舗に供給・販売している。

こうした動きは今後、コメの分野でも広まっていくのではないか。稲作は野菜よりも耕作面積や農機具などの規模が大きいなどの課題はあるが、耕作放棄地対策や六次産業化の観点からも、生産から流通・販売までを一貫して行うことは大きな意味がある。なおかつ、生産サイドからではなく、消費者と接点がある小売・流通サイドから行うこと。そこにコメの需要を喚起する大きなヒントがある。

第2章

どこを向いて作るのか？
～生産の現場から～

第一章では家庭での炊飯とお米の販売に関わる人たちの奮闘を紹介した。本章では生産の現場から、模索しながら挑戦し続ける農業者とその周辺に話を聞く。

1. 本気で「売る」生産者たち

(1) アメリカで知った経営の視点をいち早く取り入れた南魚沼の生産者

おいしいお米、といえば魚沼産コシヒカリを思い浮かべる人も多いだろう。それももっともなことで、魚沼産コシヒカリは日本穀物検定協会の食味ランキングにおいて、初年度の1989年から連続して特Aを獲得している。2017年に特A落ちしたものの、翌年復帰。以来、2021年まで連続して特Aだ。こんな産地は他にない。食味ランキングがすべてとは言わないが、それでも魚沼産がいかに評価され続けているかの大きな指標になるだろう。

新潟県のコメは生産・流通において、大きく4つの地域に分類されている。県北の岩船地域、南東部の魚沼地域、佐渡地域、そして日本海側一帯の新潟一般地域だ。

言うまでもなく、魚沼産コシヒカリは魚沼地域で作られる。行政区分とは若干異なるのでややこしいのだが、おおまかにいうと北魚沼・中魚沼・南魚沼・小千谷市・十日町市が含まれる地域にあたる。山々に囲まれた豪雪地帯で、雪解け水が流れ込む信濃川水系の豊かな水、さらに昼夜の寒暖差によっておいしいコメが育つとされる。

その魚沼地域の中でも、魚沼丘陵と越後山脈に囲まれた魚沼盆地で作られる「南魚沼産コシヒカリ」は別格とされる。行政区分で言うと、南魚沼市（六日町・大和町・塩沢町が合併）と湯沢町が含まれる。この項では南魚沼で45年以上にわたり、コシヒカリを作り続けているベテラン生産者を紹介する。

豪雪地帯の米どころ

東京から上越新幹線に乗って新潟方面へ向かうと、上毛（じょうもう）高原駅を過ぎ水上（みなかみ）の町を通り抜けてほどなく、大清水トンネルに入る。全長約22キロメートル、ハーフマラソンより長い。上野国（こうずけのくに。今の群馬県）と越後国（えちごのくに。今の新潟県）を分ける三国峠を、新幹線は十分間くらいかけて通り抜ける。上越新幹線が大宮——新潟間で開通したのは１９８２年のことだ。

「国境の長いトンネルを抜けると雪国であった。夜の底が白くなった。」

という川端康成の『雪国』の冒頭の一節は、在来線の清水トンネルだといわれている。冬の新幹線では、乾いた関東平野から長い暗闇を経て突然、銀白の雪世界が開ける。何度経験してもドラマティックな瞬間だ。

スキー場が迫る越後湯沢駅の次が浦佐駅だ。人もまばらな駅舎から東口に出ると、ささやかなロータリーと静かな町が迎えてくれる。駅前には平屋のレストランとコンビニなど数件の店舗とホテルが2つ。正面の道路は額縁のようにそびえる越後三山に向かって真っ直ぐに伸びる。

駅前広場には田中角栄(かくえい)元首相の等身大の銅像がある。背広姿の角さんは屋根付きの高い台座に立ち、左手をポケットに入れ、右手を「イヨッ」と挙げるおなじみのポーズをしている。初めて見たときは、どうしてこんな見上げるような高いところに設置されているのかわからなかった。冬に行ってようやくその理由がわかる。雪だ。豪雪地帯の積雪量は2メートルを軽く超える。角さんが雪に埋もれてしまわないように、高い台座に乗せ、雪除(よ)けの屋根を付けたのだ。詳しいことは省くが、この地域に上越新幹線と関越自動車道をはじめ交通インフラが整備され、消雪パイプ※が積極的に導入されたのは、角さんのおかげだといわれている。

駅前から伸びる道が信濃川の支川である魚野川を越えると、圧倒的な田んぼの景色が広がる。扇状地で緩やかに傾斜があるため、田んぼには一見それとはわからないくらいの段がついている。棚田ほどではないが、段々田んぼだ。これにより、山際の田んぼから下の田んぼへ水が流れる仕組みになっている。

井口農場代表の井口登さん(65)はこの辺り、旧大和町で約30ヘクタールの圃場で稲作をしている。温厚な人柄で、極めて真面目で謙虚、口数も多くない。メディアにもめったに出ないし、お米のコンクールにも出たことがないから、関係者に名前が知れ渡っているような華やかなスター生産者ではない。でも、彼の作るお米には取引先と個人客から、長年にわたり高い評価と絶大な信頼が寄せられている。

若い農業者には井口さんから学ぶべき点がきっとたくさんあると思う。今回は若き日の彼の姿に焦点を当てたい。

※消雪パイプ…地下水をポンプでくみ上げ、道路に埋め込んだパイプから路面に散布して雪を溶かす施設。

コメ流通の歴史

昔は今と違い、コメは国が流通を管理していた。太平洋戦争が始まった１９４１（昭和16）年に国家総動員法に基づく「生活必需物資統制令」が発令された。これにより国は農家に対して、自家用を除いたコメの全量を決められた値段で国に売り渡すことを義務化した。いわゆるコメの供出である。これに基づき翌１９４２年に食糧管理法（通称・食管法）が定められ、食料の安定供給という目的の下、生産・流通・価格・消費を政府が管理することになった。つまり、コメは配給制になった。

終戦後も食管法はそのまま維持された。というのは、厳しい食糧難だったからである。並行して国を挙げて食糧増産が叫ばれ、コメも増産すべく田んぼを増やし、栽培技術もすこしずつ向上していった。その努力により終戦からおよそ20年間で、コメの収穫量は３倍近くまで増えた。

ところがコメの消費量は１９６０年代に入ると減少へと転じる。日本人の食生活の西洋化が進み、米飯を食べる量も回数も減ったのが主な要因だ。加えて大豊作が続いたこともあり、国は過剰な在庫を抱えることになる。困った国は１９６９（昭和44）年にコメの流通をこれまでの全量管理体制から変更し、「自主流通米」制度を導入する。すなわち農協などの国が指定した集荷業者がコメを集め、食糧庁を経て流通する「政府米」と、食糧庁を通さずに流通する「自主流通米」の二本立てになった。そして翌１９７０年に、とうとう生産調整（減反）へと舵（かじ）を切った。時代の流れが大きく変わったのだ。

一方で、この頃からコシヒカリの生産が増えてくる。まだまだ技術的に栽培が難しい品種だったが、とにかく味が良い。となると高値でも欲しい人が出てくる。ところが政府米は産地に関係なく、一律の金額で買い取られる。自主流通米も農協を通さねばならず、農家には価格決定権がなかった。そのため一部の農家は自分で売りたいと、正規のルートを通さずに売るようになる。この不正規流通米は、自由米とかヤミ米と呼ばれた。今からすれば非常にネガティブな響きに感じるが、食管法違反になるのでマスコミも「ヤミ米」という表現を多用した。

ただ、現代でいうところの直販、つまり農協などを通さずに、生産者がお客に直接売るスタイルはここから始まる。実は井口さんは、南魚沼でいち早く直販を始めた人だ。そこには確固たる信念があった。きっかけは１９７７年までさかのぼる。

アメリカとの出会い

井口さんは今から45年ほど前、21歳のときにアメリカで一年間の農業研修を受けた。１９７７（昭和52）年のことだ。

アメリカとの出会いは中学生のときだった。学校でアメリカの粗放農業のことを学んだ。粗放農業とは、耕地に労働力や資本をあまりかけずに自然の力を生かして作物を作る農業をいう。アメリカやカナダ、オーストラリアなどでは広大な耕地で粗放農業が行われ、大型機械を導入して高い収益を上げていた。反対に、日本は耕地が小さいため、労働力や資本を大量に投入して行う集約農業が行われていた。

両親が毎日のように田んぼや畑で汗水たらして働く姿を見ていた井口少年は、こんな農業があるのかと驚いた。そして中学の卒業文集に「大きくなったらアメリカに行きたい」と書いた。

「昭和45年頃だね。あの頃はまだ農業がすごく盛んな時代だったんでね。そういった世界に興味を持った子はわたしだけじゃなかったですよ。そういう時代だった」

県立興農館高校（現在の新潟県農業大学校の前身）へ進学し、卒業と同時に家業に就いた。稲作一年目は楽しかったという。しかし徐々に、厳しい現実が見えてくる。

「父の経営はどうにもうまくいっていなくてね。ちょうどあの頃、減反政策が始まって大転換期だったんですよ。これから自分が農業をやんなきゃならないというのに、良くなるとはちっとも思えない。仲間がいるから楽しかったけれど、農業に未来はないと思っていました。そうなるとやっぱりおのずと身が入らないもので、『ああ、こんなところで俺の青春が終わっちゃうのかよ』と思ったりしてね」

と、井口さんは笑った。どうやら相当腐っていたようだ。ある日いつものように仲間と飲んでいたときに、タダでアメリカに農業留学できる制度があるらしい、という情報を耳にする。

「これだ！　と自分の心の中でピカッと光ったんですよ。もう、とにかく行ってみようと思いました」

すぐさま資料を取り寄せた。国際農友会という海外農業研修制度だった。戦後まもなく石黒忠篤（ただあつ）※の着想で、国の事業として1952（昭和27）年から始まった。海外の農場で実際の農作業に携わりながら学ぶ実務研修型のプログラムで、農業技術だけでなく、外国での生活を通して人間的な成長を図ろうというものだ。

※石黒忠篤…1884～1960。「農政の神様」とたたえられる農林官僚、政治家。彼が関与した時期の農政は「石黒農政」と呼ばれる。国際農友会の農業研修生海外派遣事業は、国際農業者交流協会（ＪＡＥＣ）に引き継がれ、内閣府の所管のもと現在も継続されている。

農家が自ら直接販売

井口さんは新潟と東京の試験に合格し研修を経て、ようやく渡米となった。最初の一か月間は他の研修生全員と共に、サクラメントのカリフォルニア大学デービス校で勉強をした。それが終わるといよいよ実地研修だ。各自、片道切符をもらって、指定された農場へと向かう。そこでホストファミリーのもと、一年間の研修生活を送ることになる。

井口さんはワシントン州シアトル近郊にある日系人の農場に派遣された。

「迎えに来てくれたのが日系二世の方で、アメリカに日本人がいるのかとびっくりしました。その程度の知識しかなかったんですよ」

農場ではレタスとセロリを作っていた。手取り足取り教えてもらえるはずもなく、見様見真似（みようみまね）で、仕事をしながら自分で勉強しなければならなかった。レタス畑だけで10ヘクタール以上あり（といっても向こうではごく一般的だったのだが）、そのときの井口青年にはとてつもなく広く感じられた。彼らはとてもきれいな野菜を作っていたという。技術力の高さに舌を巻いた。だが、いちばんの衝撃は別のところにあった。

「驚いたのは、作ったレタスを全部、自分たちでお客にデリバリー（配達）して売っているんですよ。夕方収穫が終わるとみんなで荷物をトラックに積んで、いっせいにデリバリーに行きます。レタス組合があったけれど、そこが農協みたいに集荷販売してくれたりはしない。自分で作って自分で売る、これはすごいなぁと思いましたね」

今でこそ、日本でも生産者が直接販売することは珍しくもないが、前述したように食管法が支配する１９７０年代にはおよそ考えられないことだったのだ。

「そういうことをもう当然のようにさ、やってたわけですよ。それであちらに何ケース、こちらに何ケースと卸していって…採れ過ぎたときは、最後に売れ残りが出る。それを近くの直売所の市場、パイクプレイスマーケット※に置いて帰ってくるのが自分の仕事でした。マーケットでは自分で値段を決めて売りました。日本では生産者が直接売るなんてことはなかったから、ものすごく新鮮だったね」

※パイクプレイスマーケット(Pike Place Market)…アメリカ合衆国における公共のファーマーズマーケット。それまでの農産物市場は卸売業者が支配し、農家は低価格で農産物を買い取られ、消費者は高価格で買わざるを得なかった。玉ねぎ価格の高騰をきっかけに、農家と消費者が農産物直売所の設置を求めて運動を起こしてシアトル市議会を動かし、１９０７年に直売所マーケットが設置された。

研修生活で得た夢と希望

当時、研修生は井口さん一人で、あとはアメリカ人の高校生や短大生のアルバイトだった。小柄な井口青年が体格のいい彼らと同等に仕事をするのは、相当きつかったという。アルバイトの青年たちは、井口さんが宿舎としてあてがわれていた一軒家に、我が物顔で出入りした。言葉はよくわからなくても、同年代の彼らと夜な夜な酒を飲んで騒いだ。休日には、井口さんが彼らに空手を教えたり、彼らがシアトルマリナーズの野球観戦に連れて行ってくれたり…それは楽しい青春の日々だった。

自分の未来に夢を描けず絶望しかけていた青年にとって、つかんだチャンスはどれほどのインパクトがあったことだろう。わたしは胸が熱くなり、口を挟んだ。

「そうやっていろんな交流をしたり、実際に作物を作って自分で売ることを経験したのはほんとに大きかったですね」

井口さんは、そうそう、とうなずいて続けた。

「それとね、ボスはいい生活をしていたよね。クライスラーのすごい車を何台も持っていてさ。シャッターが自動で開くんですよ。そんなの見たこともなかった。うちらなんて車を買ってもやっと軽トラックですからね。当時の日本は機械を入れ始めたところで、耕運機が主流でしたけれど、農場はトラクターだって二百馬力のすごいのを使っていてね。絶対乗せてくれなかったけれど」

思わず顔を見合わせて笑った。井口さんは真顔に戻って言った。

「うちらと何が違うのかって、ずっと考えていたんですよ。それで、日本だってやり方ひとつでいい経営ができるはずだ、と挑戦する気持ちになったんです」

「自分たちとアメリカは何が違うと思いましたか？」

「国土の広さも違うけれど、考え方が全然違うと思いましたね。ビジネスに徹底している。働く時間は朝の始まりも夕方の終わりもきちっと時刻が決まっているし、休みは休み。メリハリがしっかりしていました。日本はだらだらと四六時中やっていましたからね。それだけじゃない。上手に人を使っているし、さっき言ったように売り方も全然違う。それでいてボルト一本だってものすごく大事にしていて、捨てようとしたら叱られたりしてさ。機械に対してもシビアで、エンジンなんかも自分たちで直していたからね。とにかく、経営のやり方によってはここまで来られるんだなと思いました」

充実した一年と一か月の海外研修を終え、井口青年はムクムクとしたエネルギーを心に充満させて帰国した。

苗を作って売る

父親が苦労していた経営を立て直そうと、井口青年がまず手を付けたのは、イネの苗の販売だった。稲作では昔から「苗半作」といって、田んぼに植える苗の良しあしで、コメの収量や品質が大きく左右される。といっても昔の育苗技術は単純で、苗を育てる田んぼ（苗代）で育て、それを手で植えていた。昭和30年代から「保温折衷苗代」という新しい技術が広まった。苗代の床を上げてほんのすこし芽出しした種もみをまき、上に油紙やビニールをかぶせて保温して育てる方法だ。これにより毎年安定して、丈夫な苗を得られるようになった。しかも、田植えを早くでき生育が早くなるため、冷害を回避できる画期的な技術だった。

井関農機から１９７１（昭和46）年に田植機「さなえ」が登場すると、田植えが劇的に変わった。それに伴い、育苗に使用する資材も発展した。現在では自動播種機やヒーター付きの育苗器など、様々な機器や資材が利用されている。

育苗は田植えに合わせて春先から始める。ただ、中越地方は豪雪地帯だ。１９８０年代当時は今よりはるかに雪が深く、育苗の時期も外にはたっぷりと雪が残っていた。寒さの中、背丈がきっちり揃った苗を育てるのは非常に困難で、ほとんどの農家は育苗センターから苗を購入していた。ただ、センターは販売時期が決まっており、自分の田植え予定に合わせて購入することはできない。

井口青年はこれだ、と思った。お金がないため高価な育苗機器は買えない。ストーブを炊き、自前の保温装置を作って細かく温度調整をし、苗箱は木材で自作するなど様々な工夫をして品質のいい苗を作り、農家の田植え予定に合わせて販売した。さらに、すぐに田植えができるように農家の田んぼの畦まで運んだ。

苗はすこぶる順調に売れた。手作業が多く大変だったが、結婚したばかりの妻、孝子さんと協力して、春先の大きな収入を得られるようになった。苗を買った農家からは次第に、田植えや稲刈りもしてくれないか、などと作業も頼まれるようになっていった。

当然、育苗センターは快く思わなかっただろう。でも、自分で品質の良いものを作って、自分で値付けをして、自分で売る――それこそアメリカで学んできたことだった。

農協の米価大会騒動

業績がぐんぐん伸びる前、井口さんが25歳の頃だ。ちょっとした事件が起こる。

長らく続いた高度経済成長期が終わりを告げ、第二次オイルショックが尾を引き、経済は停滞していた。コメをめぐる環境も、1970年から始まった減反政策の締め付けや、農業機械に使用する石油高騰で厳しくなっていた。その一方で、政府が農家から買い入れる生産者米価は据え置きで推移していた。

全国各地の農協は、7月の政府の米価審議会に向けて、要求米価実現決起集会（米価大会）を開き、自分たちの声を中央へ届けようという運動が激しさを増していた。どこの大会でも皆、ハチマキを巻いて「米価を上げろ！　エイエイオー！」と雄叫（おたけ）びを上げていた。トラクター行進などのデモも盛んだった。

地元の農協から井口さんに、その年の総会兼米価大会に青年部として何か意見を出すようにと依頼があった。井口さんがアメリカへ研修に行ったことは地元で知れ渡っており、どうやらそれで白羽の矢が立ったらしい。なかなか名誉なことだったので、寝る間も惜しんで自分の想いを原稿にしたため、事前に事務局に提出した。

さて当日、小学校の体育館を借りて、約三百人の農家が集まった。ご多分に漏れず参集者はハチマキをしめ、会場は熱気に満ち満ちていた。議長が言った。

「えー、それではこれより青年部の緊急動議に移ります。井口君」

井口青年は緊張した面持ちで登壇した。

「青年部といたしましてはァ、現状に甘んじていてはいけないと考えます」

ワーッと拍手が起こる。井口青年は頬を紅潮させつつも、冷静に原稿を読み上げる。

「調べてみますとォ、コメの小売り許可を持つ支店がありましたので、これを使わないという手はないと思うのであります。これからは農協も独自の販売をしていくべきではないか…」

と、言ったその瞬間、

「却下しますッ、緊急動議の趣旨が違いますので、青年部の動議を却下しますッ」

と議長が叫び、ダダダッと事務局の数人が壇上に駆け上がってきた。井口青年はあっという間にマイクを奪われた。慌てた青年部の仲間も駆け上がる。

「おめぇ、米価大会でなにバカなこと言うかッ」

「こっちは事前に許可をもらっているんですッ」

「ふざけるなッ」

小柄な井口青年はあっという間に壇上から引きずりおろされた。怒りで顔を真っ赤にした青年部の連中は、このまま退場させられてなるものかとスクラムを組んで、井口青年を壇上へ押し戻そうとする。事務局とベテラン農家は、そうはさせてなるものかと鬼の形相で立ちはだかる。

「ならんッ」「そんなのおかしいじゃないですかッ」「ならんもんはならんッ」

怒号が飛び交い、両者にらみ合いの押し問答が続く。井口青年は渦の真ん中で洗濯機の洗濯物みたいにもみくちゃにされている。会場は騒然となった…。

時代に翻弄される農家たち

「それでどうなったんですか」と、わたしは興味を隠せずに聞いた。

「結局また最初から話したんですよ。まあ、もう誰も聞いちゃいなかったけれどね。話の内容はこんな感じだったかな。つまりあの頃、既にコメ余りで政府が買い入れる量は減っていた。ほんで、政府が買ってくれない超過米※になると、ひどい安値で売られていたんですよ。もう自主流通米制度が始まっていたから、全農にまかせっきりで超過米で安く売るんじゃなくて、とにかく農協も自分たちで売る努力をしないといけない。もっと高い販売価格になれば農家にも還元できるんじゃないか、と。そういう話をしたと思う」

「今聞くと、至極当然のことに思えますね」と、わたしは率直に言った。

「そうなんだけどね。要は、米価大会でみんなでがんばろうと言っているときに、なんで自分たちで売ろうという発想なのか、全然趣旨が違うじゃないか、と思ったんでしょうね。俺も困ったけれど、青年部の委員長はもっと困ったと思いますよ」

「でも青年部のみんなは、井口さんの意見に賛成だったわけですよね」

「そう。青年部の仲間は今のままじゃ農業に未来がないと思っていたけど、どういう切り口にしたらいいのかわからないし、とにかくみんな悩んでいたときだった。俺からしたら『なんでも言っていいよ』というから原稿を書いて、ちゃんと事前に提出もしたのにさ。なんだこりゃと思ったね」

まったくだ！　聞いているわたしまで憤慨してきた。アメリカ帰りの井口青年は心底、憤慨したことだろう。

そういう時代だったから仕方がないのかもしれないが、米価要求にエネルギーを注ぐのはやはり先が見えていないと思った。実際このあと時代は、井口青年が考えていた方向へと流れていく。しかし、コメ流通がほぼ完全自由化されるのは、食管法が廃止された1995（平成5）年。まだだいぶ先である。

※超過米…食管法では、政府のコメ買い入れは事前申し込み制度が取られていた。ところがコメの消費減退や生産調整（減反）、財政負担の増大が問題となり、1971年から政府買い入れ量を制限する予約限度制が導入された。予約限度超過米（超過米）は生産者が販売することはできない。所定の手続きにより自主流通米と同様の経路で流通が許可された。しかし助成金の対象にならないため、政府米よりも安値で取引された。

食管法への挑戦

井口さんはこの騒動後も、心の中にモヤモヤしたものが残った。自分が一生懸命作ったものを、なぜ超過米としてわざわざ安く売らないといけないのか、欲しい人がいるのになぜ自分で売ってはいけないのか、と。仲間にも熱心に説いて回った。そして苗の販売は順調だったが、経営はやはり苦しかった。

世の中はバブル景気が始まり、評判が広まりつつあった魚沼産コシヒカリを欲しがる業者や消費者はどんどん増えた。上越新幹線や関越自動車道が開通し、首都圏や大阪方面へのアクセスが良くなり、物流も人の流れも圧倒的に増えてきた。

井口さんは、超過米をなんとかしなければ先はないと危機感を募らせた。人づてに売り先を確保し、直接販売を始めた。これはいわゆるヤミ米（自由米）に該当し、食管法に違反するので、大手を振ってやるわけにはいかない。だが、こうした不正規ルートで販売されるコメは、アメーバが増殖するように全国各地でひたひたと増えていった。90年代には流通するコメの3割が自由米だったといわれる。多過ぎて取り締まりようもない。もはや食管法はザル法化しつつあった。

思い出してほしい。そもそも食管法の目的は何だったか。食料が不足している時代に、主食のコメなどを国民に安定供給するため作られた法律だ。生産が過剰になり、もはや生産抑制をしなければならない時代になっても、なぜこの古い法律が維持され続けたのだろうか。そこには保険業務まで行うことができた農協という巨大組織の利権や、農協組合員という票田にしがみついた政治など、様々な要因が絡んでいたといわれている。

農業といえども資本主義の下にある限り、生産者が自らの利益を追求するのは当たり前のことだ。そしてそうであるならば、生産者が自分で値段も決められず販売もできないのはおかしなことだ。

古い法律と乖離（かいり）する現実。もちろん、不正規流通の自由米にまったく問題がなかったわけではない。悪徳業者もいただろう。収入が伸びなくても管理保護される安定を守りたい生産者もいただろう。でも、食管法はもっと早くに廃止されるべきだったと思う。

改善し続ける姿勢

井口さんがこんなことを言った。

「お客はなかなかそんなに簡単には集まらないですよ。だから買ってくれるお客さんを大事にしながら、コツコツ広げていくしかない。自分で売って初めて、トータルでものを見ることができて、どんなものなら売れるのか一生懸命考えると思うんだけどね。そのためには、味のいいものを平らに（ムラなく平均的に）作るしかないんだけど、これがねぇ、難しい。今もなかなか思うようにできないですよ」

「えっ、井口さんでもまだ難しいんですか？」と、わたしは驚いた。45年のキャリアを持つ人からそんな言葉を聞くとは想像もしていなかった。

「何言ったたって自然には敵わないんですよ。それにね、45年といったってさ、一年に一回しかやれないでしょ。まだたった45回しかやっていないということだからね。死ぬまでには、ああこれは最高の出来だと言ってみたいねぇ」

井口さんは1980年代後半からすこしずつ自由米を売り始め、1990（平成2）年から本格的に直販を始める。その際に思いもよらない騒動に巻き込まれる。そこにはのちに国会議員となった新聞記者が絡むのだが、この本では紙面の都合上割愛させていただく。

（2）トップセールスマンに変身する生産者

ここまで井口さんの話を通して、食管法時代のコメの生産と流通を見てきた。前述したように1995（平成7）年に食糧法が制定され、統制経済だった食管法は廃止された。そして2004（平成16）年の改正食糧法をもって、コメの流通はほぼ自由化が達成された。

自由化は言い換えれば、生産者が自ら販売できるということだ。ただし、自由には自己責任という厳しさがつきもの。今まで通り農協に全量お願いしたらそれでいい、そう考える農家は今も少なくない。でも自分で売ることで、大きな利益を上げている生産者もいる。努力を重ねて成功している生産者を二人、紹介したい。

◆わくわく農場・神田長平さん

一人目は新潟県五泉市「わくわく農場」の神田長平さん（47）。神田さんは新潟県農業大学校を卒業後、農機具会社に就職した。仕事は主に営業を担当した。三年間勤めて、実家で就農した。

その頃、既に父親が消費者団体や生協などと直接、コメの取引をしており、神田さんが就農したときにはもうJAとの取引はなかった。父親はJAへの全量販売をやめ、自分で直接販売を始めて大きな喜びを感じたと言い、熱心に取り組んでいた。

「直接販売を早くから始めたことは父親に感謝しなくちゃいけないな、と思っています。親父がいろんな会合に行ったりして、消費者団体や生協とのつながりができていったみたいです。恵まれていたとは思うんですが、父親に言われてやるのばかりではつまらなくて、僕も自分の力で販売量を増やしたいなと思い始めて…」

父親とコメ作りに精を出すうちに、気が付いたことがあった。それは「お米は農家の親戚や友人からもらうもの」という意識だ。地元では半ば常識のようになっていた。神田さんはこれに疑問を抱くようになった。

「商品として作っているのに、縁故米（えんこまい）があるからムダだと誰も地元で売ろうとしない。だったら僕は逆に、地元で売ってみようかなと思ったんです」

周囲の冷ややかな目をよそに、神田さんは30歳のときに地元販売プロジェクトを開始した。

「精米したお米を地元農家が直接配達します」と新聞の折り込みチラシを入れたのだ。お金も技術もないから、手作り感あふれるチラシだったようだ。

ところがこれが大反響を呼んだ。地元の人たちはお米のチラシなど見たこともないし、産地ゆえコメ農家は多数あるものの、配達してくれる農家など皆無だったからだ。家まで運んでほしい年配者や、縁故米を少々煩わしく思っている人たちから注文が殺到した。

とんでもないことをするヤツがいると、地元でにらまれたのではないだろうか？

「まあ風の噂でチラホラと聞こえてきましたよ。でももし直接言われたとしても『じゃあ、お前らもやればいいじゃん』と言おうと思っていましたからね。言ったところで誰もやりませんから」と、神田さんは涼しい顔をした。

「なぜ他のみなさんはやらないんですかね？」

「だって、面倒くさいじゃないですか。注文も配達も一軒一軒ですからね。JAに卸してしまえばそれで終わり。その方がラクじゃないですか」

神田さんは自分で始める前に勉強してわかったことがある、と言う。それは、常にお金が入ってくる仕組みを作らないと、経営がうまく回らないということだ。一般のビジネスでは当然のことなのだが、稲作農家は一般的に、秋にコメ全量をJAに卸して、一年分まとめて収入を得るらしい。

「それはちょっと危険なんじゃないかなと思い始めて、分散させるにはどうしたらいいかと考えて、あ、やっぱりお客さんから先にお金をもらわないとダメだ、と気が付いたんです。それでお客さんに『まあ一回食べてみてください。それでよかったら年間契約をしてください』と言って年間契約を始めたんです」

地元から新潟市のベッドタウンへと営業を拡大し、現在は首都圏にもチラシを入れて新規のお客を獲得している。驚いたのは、直販のお客の5割（金額ベースでは7割）が前払いの年間契約だという。

「すごいですね」と言うと、神田さんは「すごくないですよ」と、にこりともしない。「商品三分に売り七分、とよく言うじゃないですか。農家も同じですよ。いくら商品が良くても、売り方がまずかったら売れない。でも逆もしかりで、商品が良くなかったらダメなんだけどね。ハハハ」

神田さんはクールに見えて、エネルギーの塊で豪快に笑う人だったようだ。

◆金井農園・金井繁行さん

もう一人は群馬県沼田市の(株)金井農園の代表取締役、金井繁行(しげゆき)さん（63）だ。金井さんも代々続く農家だが、家業を継ぐつもりはまったくなかったらしい。首都圏の大学に進学し、沼田市役所に就職した。それというのも、小さい頃から両親が「農家はもうからない、やるもんじゃない」と愚痴るのを散々聞いてきたからだという。

まだ若かった頃、減反政策を担当していたときのことだ。職員の会議で、最後に進行役が「では何か質問はありますか」と言った。役所の会議だ。どう考えても終わりの合図だろう。けれども金井さんは「ハイ」と手を挙げた。どうしても言いたいことがあったのだ。

「こんな減反政策、わたしは反対です。こんなことを続けていたら、農家の創意工夫や意欲が削(そ)がれてしまいます。各産地によってできるコメが違うのだから、特色を生かしていくべきです。沼田のような中山間地域はどうしたって、低コストを追求した秋田県の八郎潟には敵(かな)わないんだから、高付加価値で勝負するしかないじゃないですか」

とうとうと持論を述べてしまった。余計なことを言うな、とあちこちから大バッシングを受けた。というのは、様々な農業施設を作る際の補助金は、減反に協力していることが前提だったからだ。小さな農村にとって補助金が付くか付かないかは大問題だったのだ。

啖呵を切ったものの、市役所職員として仕事は決められた通りにやらざるを得ない。金井さんは左遷され、納得できない気持ちを抱えたまま、月日は流れた。そして父親が農業から引退するのを機に、55歳で市役所を退職し就農した。

「役所を辞めるにあたって目標を三つ定めました。ひとつは沼田市最大のコメの生産者になる、二つめは国や農協に頼らない独立自尊の経営をする、三つめは減反にも協力しないし、価格は自分で決める、と」

そのためにまず品質管理、おいしいコメを作ることが最重要課題だと考えた。さらに、おいしいコメができたときに、人から「金井農園のお米を使わせてくれ」と言ってもらえるようになるにはどうしたらいいのか、模索した。

コメの名前も重要だと思った。沼田は真田幸村の兄、真田信之が作った城下町である。河岸段丘の台地にある沼田は水利が悪く、歴代城主が百本以上の用水路を作った。地元の農家は今でも「沼田のお殿様が作ってくれた用水」として、大切に使っている。そこで真田家の末裔の許可を得て、初代城主、信之の妻の幼名を借りた「真田のコシヒカリ 小松姫」と名付け、２０１４年に商標登録した。

「誰も知らないような沼田のコメを知ってもらうには、名前だけでも足りないと思ったんですね。そこで思い付いたんですよ、世界最大のお米のコンクールで、名だたる産地の生産者とガチンコで勝負して勝ってやろうと。そこで勝てれば、群馬の小さな農家でも認めてもらえるんじゃないかなって。それが米食味分析鑑定コンクールで、ありがたいことに初応募した2015年に金賞を受賞しました」

さらに運命の女神がほほえむ。翌年のNHK大河ドラマが『真田丸』になった。三谷幸喜の脚本で大泉洋が演じる真田信之は生き生きと描かれ、沼田の地も一躍有名になった。金井さんは当時の様子を、

「そりゃあもう、風がびゅんびゅうんごうごうと吹きまくりましたよ」

と、興奮した面持ちで話した。運もあるだろうが、わたしは金井さん自身の情熱あふれる馬力が運を引き寄せているように感じた。そして話し方によっては自慢話になりがちな成功談も、金井さんが話すとなんというか、楽しくて明るい野望の話になる。

その後も金井さんはパワーダウンなどしない。コロナ禍でも、関東で開催される展示会や見本市には、ほぼすべて出店した。バイヤーが来れば熱心に話をし、この数年間でも大きな商談をいくつもまとめている。

「昔は、役所にいながら国の方針に逆らうとはなんてフザケたヤツだ、と言われましたよ。」と

ころがね、時代が変わり、今では『金井は先を見る目があったな』とほめていただくようになりました。時間はかかったけれど、自分の思ったことをやり続けてきてよかったなと思います。わたしのような中山間地域の農家が生き残っていくには、価格競争に巻き込まれないこと。品質を高めて、ブランド化していくしか道はないと思うんですよ」

インタビューの最後まで熱く語ってくれた。現在は、数年前に就農した息子の慶行(よしゆき)さん(26)と二人三脚で稲作に励んでいる。

(3) 新品種の発見からブランドを作り上げた生産者

ところで、日本のコメはいつどこから来たのか。稲作の起源は中国の長江流域と考えられており、ここからインドやアジアへと広がっていった。日本へは近年の研究によると縄文時代後・晩期に北九州に伝来し、弥生時代には北海道を除く日本各地で水田稲作が定着した。今では北海道から沖縄まで、47都道府県すべてで生産されている。

現在、国に品種登録されているコメはおよそ900品種あるといわれている。そのうち主食用として多く作られているのは300品種くらいだ。

最もよく食べられている品種はコシヒカリ。品種登録されたのは1956(昭和31)年だ。これだけ長い期間、好んで食べられている品種は他になく、業界では親しみも込めて「おばけ品種」と呼んでいる。

とはいえコシヒカリ以後現在まで、より病虫害に強いものや新しい食味を求めて、様々な品種改良が行われてきた。コメは基本的に1年に1回しか栽培できないため、品種改良には膨大な時間と費用がかかる。例えば、山形県が生み出した「つや姫」は開発からデビューまで10年を要しているし、新潟県の「新之助」も7年かかっている。そのため品種改良は、国の研究機関である農研機構（NARO）や都道府県立の農業試験場などで行われている。

ところが品種改良ではなく、偶然の発見から品種登録に至ったお米がある。主に岐阜県で栽培されている「いのちの壱（いち）」という大粒のお米だ。発見から試験栽培、ブランド化まで成し遂げた岐阜県下呂市の㈱龍の瞳の代表取締役社長、今井隆さん（66）を取材した。

新品種の発見

今井さんは高校卒業後、農林水産省東海農政局に勤務。岐阜県を中心に水稲の作柄調査など統計の仕事を担当していた。ご本人いわく、熱心になり過ぎて「コメ・オタク」だったらしい。

２０００年の9月、自宅前のコシヒカリの棚田で、他よりも背丈が15センチほど高いイネを見つけた。明らかに普通のコシヒカリとは様子が違い、もみ（脱穀する前のイネの実）はコシヒカリの1・5倍もある大粒だった。これは何だろう？と散々調べたがわからない。突然変異かもしれないと思い、翌年それをひそかに栽培すると、葦（よし）のように背も高いし茎も太い。食べてみたら、味もコシヒカリとはまったく違う。

これはもう新品種に間違いないと確信し、品種登録を出願。２００６年に「いのちの壱」として品種登録された。その間にブランド名として「龍の瞳」を商標登録し、会社を設立。そして農水省を退職し、龍の瞳に専念することにした。このとき今井さんは51歳だった。

大粒で味のよい「龍の瞳」は魚沼産コシヒカリよりも値段が高いのだが、大変な人気だ。コロナ禍で外食や観光のお土産品としての需要はかなり減ったものの、家でおいしいものを食べたいという巣ごもり需要で注文が殺到。収量が少ないこともあり、令和2年産も3年産も春先には売り切れてしまったらしい。今後は、現在１２０ヘクタールの圃場を大幅に増やす予定だという。

コメ余りの時代になんと景気のいい話ではないか！　といっても、今井さんにももちろん悩みはある。目下の問題は、龍の瞳の収量が少なくなってきていることだという。龍の瞳は前述したように勢いが良く、根の張りがすごいらしい。収穫時期にコシヒカリと龍の瞳を引き抜いて比べると、龍の瞳の根にはコシヒカリの3倍もの土が付いている。それだけ根域が広いのだ。「それとですね、」と今井さんは言った。

「出穂から収穫までコシヒカリはおよそ35日間かかるんですが、龍の瞳は45日間なんですよ。期間が長くなる分、イネは土中のミネラルをたくさん吸うんです。だからおいしいんだけれど、土がめちゃくちゃ痩せるんです。なので、収量もどんどん下がってしまいます。だから補充してやらなきゃいけない。それで今、二年ものの完熟たい肥を入れて、あらためて土づくりを一生懸命やっているところです」

ご承知のように、イネは毎年同じ田んぼで栽培する。プランターで草花を育てた経験のある人ならわかると思うが、通常、植物は同じ土壌で作り続けると連作障害が出て、土のバランスが崩れてうまく育たなくなったり、病害虫が発生しやすくなったりする。

ところが不思議なことに、イネはそうならない。これには「水」が大きく関係する。田んぼに流れ込む水から様々な栄養が入り、逆に蓄積したものは外へ出て行くため、土のバランスが崩れにくい。また土の中に酸素が入りづらいため、有機物の分解が遅く、地力が維持されやすい環境ができあがる。しかし、龍の瞳はそれを上回るスピードで土の栄養を吸収してしまうのだろう。

コンクール出品で認知度向上

「ところで」とわたしは話題を変えた。今井さんはコメへの愛情がとても深いので、栽培法について話し出すと止まらないからだ。

「品種登録のときからブランド化をお考えになっていたようですが、何か特別な営業をなさったのでしょうか」

今井さんはうーんとうなった。

「いや、何も考えてなかったです。とにかくお米そのものの商品力がすごいから、何もやらなくても勝手に売れていったというのが正直なところです。最初の頃はお米のコンクールに応募するのを一生懸命やって、認知度を上げました」

なるほど。コンクール作戦は前項の金井繁行さんもやっていた。

「実は当初から1キロ950円で販売すると決めていました。当時は魚沼産コシヒカリがキロ700円という時代です。だから人に、『1キロ千円くらいで売るよ』と言うと、百人が百人、『誰がそんな高いコメを買うか！』と言いましたね。でも一回買って食べてもらったら、そのコメがめちゃんこおいしいもんだから、それで勝手に広まっていった、というのがほんとのところですね。初期はどんなコメでも売れて、品質管理ができていないコメも出してしまって、お客さんに迷惑をかけたなぁという反省があります」

今井さんには創業当時から、自然環境を守りながら農家が生活できるような仕組みを作る、という強い想いがある。モノを売るのではなくて想いを伝えて、その商品はこれですと言うと売れた。だからあまり営業をしたことがない、と今井さんは言い切った。

販売を支える従業員たち

今井さんの取材には、業務部長の田口真裕さん（42）と営業課長の鈴木千登世（49）さんが同席した。二人とも前職は農業とは無縁な職場だったという。田口さんは、

「この下呂市という田舎から全国に発送できるというのはすごい商品力だと感動して、面白い会社だなと思っていたんです。それで職安で募集を見たときにすぐ応募しました。仕事は楽しい

です。日本一おいしいお米を販売させてもらっているんで。もっともっと日本中のお客様に食べてもらいたいです」と、にこにこして言った。

鈴木さんは出産と育児で主婦業に専念していたが、今井さんに出会い、働き始めた。

「営業職はいっさい素人で、ほんとに何も知らない状態から、社長にビシバシと指導いただきました。毎日勉強で、社長や取引先の人から叱られて泣いたこともありました。でも、母親になって学んだ食の大切さとか食の安全といった、親の目線がすこしは役に立っているかなと思います。まだ子どもに手がかかるので、毎日ほんとに忙しいんですけれど、張り合いがあります。だから主人も子どもたちも、お母さんは楽しそうにやってるなと見てくれているみたいです」

むろん社長の手前、多少のリップサービスはあるだろう。でも二人ともお世辞ではなく、ほんとうに仕事を楽しんでいるように見えた。今井さんは「無理に言わんでもええ」と嬉しそうに笑った。わたしは、「今井さん、いい社員さんたちですね」と言った。すると社長はほんのすこし背筋を伸ばして座り直した。

「ブラック企業にならないよう、待遇改善とか企業の風土改善とかを一生懸命やっています。以前は離職する人が多い時代もあってね。最近はそういう人もいなくて非常にありがたいなと思っています」

あ、と思った。今井さんにもつらいことがあったのだ。

「十年前に在庫がちょっと増えて苦しい時代が続いてね。その中で自分なりにもがいて、全部売り切れるようになってやっと利益が出るようになったんですね。そうしたらそれを待遇改善にも回せるようになったし、僕もあまりもがかなくてもよくなった。昔はあれやこれやと社員のすることに口を出していたんですね。まあ、今も口は出すんですけれど、社員を信頼して任せるスタンスに自分も変わってきたと思います」

「そうだったんですか。今井さんご自身も変わるよう努力したんですね」

「そうそう、やっぱり変わっていくのが人間なんで。僕自身はほとんどのことを自分でやってきたんですけれど、経理のことだけは全然知らなかった。それで東京の税理士さんのところに一年半くらい通って勉強して、財務諸表とか読めるようになりました。それでいろんなことに気が付いてね。お金の流れからすべてのことが見えてくる。

以前はそういう時間的な余裕も、考えようという意識もなかったんですね。あと、農水省に勤めていましたから。公務員はお金を使う仕事であって、生み出す仕事じゃない。生産者、会社になって生み出さなきゃいけない仕事に変わったもんだから、最初はちょっと大変でしたねぇ」

地域と共に発展

最後に、今井さんにとって龍の瞳はどんな存在か、質問した。今井さんは昔を懐かしむような、あるいは誰かを想うような柔和な表情をした。

「あのね、昔は子どもだったんですよ。自分の子どもよりもかわいいくらいの存在だったんですけれど、今はどうかなぁ。友だちくらいかな」

「ほぉ、それはまたなぜですか？」

「まあ、その頃のかわいくてかわいくて仕方がないという感情から、すこし落ち着いて冷静に見られるようになったというか。このお米を通して地域の活性化をずっと考えてきたんですけれど、お米の存在意義やこれからの方向性を、ちょっとだけ離れて見られるようになってきたかなと思います。お米から離れることはできないですけれど、地域そのものを資源と捉えてどう生かすかということを考えて、新事業も展開していく予定です。

　ちょっと変な言い方ですが、農業というのは抱えているものがとっても大きな産業なんです。手あかがついていないところもたくさんある。農業はそこらへんを改良していく余地が大きいと思っています」

　自分で育ててきた新しいコメと共に、地域と新しい未来を作っていくということだろうか。

「なんだかワクワクしてきました」と言うと、今井さんはにっこりした。

「想えばかなう。自分から動くことも重要なんですが、想いが強ければ強いほど、最後に結果が大きくなる。そういう信念を持ってやってきています。社員にもそういうふうにやってもらって進んでいくと、会社ももっと良くなるかなと思っています」

　そう言うと今井さんは、ちょっとカッコつけ過ぎたかな、と横にいる田口さんと鈴木さんの方を振り向いた。事務所に明るい笑い声が響いた。

（４）自分の感性を信じて疾走する女性たち

農業の中でも稲作は、野菜や果樹とはすこし趣が異なる。補助的あるいは従業員的な立場で関わる女性は少なくないが、経営に携わる人は圧倒的に少数だ。

ここでは孤軍奮闘するユニークな女性を紹介する。兵庫県豊岡市の野世英子（ひでこ）さん（51）と新潟県新潟市の坂井涼子さん（39）。二人とも三人の子どもの母親であり、妻であり、自分で作って売る農業者でもある。

◆赤米の栽培・販売に取り組む野世英子さん

ここ数年、紫黒米や赤米といったいわゆる古代米が注目されている。パンやスイーツ、料理に使われるほか、玄米や雑穀と混ぜて雑穀ご飯にするなど人気が広がっている。古代米は色がきれいなだけでなく、食物繊維やポリフェノールの一種であるアントシアンなどが豊富で「美と健康にいい」といわれている。わたしも含め、女性はこのキーワードが大好きだ。

兵庫県豊岡市の「人、自然にやさしいお店moko」代表の野世英子さんは、豊岡市但東町という小さな集落で家族と農業を営んでいる。豊岡市の中心街から車で一時間ほど入った山間の自然豊かな地域だ。圃場の一角で赤米を自ら無農薬栽培し、それを使った無添加石鹸（せっけん）とブレンド米商品を作って販売している。

夫の両親と同居して三人の子育てをしながら家業の稲作をし、その傍らで自分のやりたかった事業を軌道に乗せる。こう書くとたいそうタフな女性に思われるかもしれないが、英子さんはちょっと違う。小柄でよく笑う、とてもチャーミングな人だ。言葉の端々から、田舎暮らしをこよなく愛しているのがわかる。

英子さんは農家に嫁いだものの、農業をするつもりはまったくなかった。それよりも田舎の集落の嫁といえば、男児を産むことが最大のお役目という時代だ。周囲のプレッシャーは相当だったようだ。

三人目でやっと男の子を妊娠して喜んだのもつかの間、ひどい肌トラブルに悩まされた。自分なりに調べて、どうやら日用品に含まれる合成物質が良くないらしいと気が付く。さらに石鹸が手作りできることを知った。なんとか無事に出産をした英子さんは「肩の荷が下りた」気持ちになり、妊娠中からやってみたくて仕方がなかった石鹸作りに挑戦する。目指すは赤ちゃんも使えるような、肌にも環境にもやさしい安心安全な石鹸だ。

手探りで石鹸作りを続けるうちに、米ぬか石鹸にたどり着いた。それで「コウノトリ育む農法（第２章３）」に取り組む農家から無農薬の米ぬかを分けてもらって試作し、肌トラブルに悩む友人や知人に配ったところ、非常に喜ばれた。次に自分が好きな赤米で試作すると、淡い赤色のきれいな石鹸ができた。これは売れるかもしれない。そうひらめいたのはいいが、赤米は購入すると30キロ５万円と高額だった。無理か…。

あきらめかけていた矢先、同居していた義父がそろそろ農業を引退したいと言い出した。しかし、夫である恒弘（つねひろ）さんは会社員として家計を支えており、すぐに就農というわけにいかない。英子さんは、これはひょっとすると自分で赤米を作るチャンスかもしれないと、一大決心して就農。義父に教えてもらいながら農業に精を出す傍ら、赤米石鹸の商品化を目指した。

赤米の石鹸と赤飯米を商品化

赤米の栽培は難しい。古代米は現在の稲の原種とされる野生種に近い。生命力が強く、肥料や農薬なしでもたくましく育つといわれている。ただ、収穫時期になるともみが自然にこぼれ落ちる性質があり、収穫量も少ない。もみすりも手間がかかる。実は、英子さんは当初、インターネットで購入した種もみで大失敗している。笑い話のように言った。

「そこからやっぱり種をちゃんとしないといけないなと思って、京都方面で古代米を熱心に栽培している方を紹介していただいたんです。その方は古代米を伊勢神宮さんに奉納されていて、その由緒ある赤米の稲をガサッとひと抱えほどいただいてきました。紅林（こうりん）というもち米です。そこから自分で増やしてきたんです」

大事に育てた赤米はほんとうに美しかった。8月ごろに赤い穂が出てくると、田んぼ一面が紅色の絹布でふんわり覆われたように染まる。それからゆっくり日にちをかけて、赤い色素が外側のもみ殻から玄米部分へと移り、穂は茶色へと変化していく。

石鹸の製造先も自分で探した。無添加石鹸作りの老舗、丸菱油脂石鹸化学工業所に原料の米ぬかとレシピを提供し、ＯＥＭ製造（受託製造）を依頼している。

無農薬で育てた赤米「紅林」を食べてみると、もち米ならではの甘みがあって非常においしい。そこで五分づき精米して「赤飯米」として商品化したところ、炊飯器で炊けるお赤飯として評判を呼んだ。赤米は赤飯のルーツといわれ、今では赤飯はささげや小豆で着色するが、昔は赤米を使っていたらしい。

赤米は旅館などでも使われるようになり、赤米の石鹸は平成27年度の「五つ星ひょうご選定商品」にも選ばれた。２合パックの赤飯米や赤米石鹸は、但馬観光のお土産として人気商品となっていった。

家族とコロナ禍を乗り切る

一方、義父から引き継いだコシヒカリの生産もすこしずつ圃場が増えていった。週末は会社勤めの恒弘さんも農作業をしてくれていたが、それでは間に合わない状態になり、２０２０年から恒弘さんも本格的に就農した。

英子さんの案内で、愛犬の黒いレトリバーのラブと圃場をぐるりと散策した。ラブはまるで圃場の有機成分確認係みたいに、土の具合や虫をクンクン嗅ぎながら、ゆったりした足取りで先導してくれた。ね、いいところでしょう？　とでも言いたげに、時々振り返ってわたしを見る。

圃場の両脇に山が迫り、小さな川が森との境界線を作る。川向こうの森から鹿やイノシシがやってくるため、獣害防止※の有刺鉄線が張り巡らされている。見上げんばかりの斜面に、段々になった細長い田んぼが何枚もある。村の人が大事にしている大きな柿の木や、自生のイチョウの木が空から降り注ぐように茂る細い道を上っていく。

「けっこうキツイですね」と、わたしはすこし息を切らして言った。

「そうなんですよ、こういうところは草取りがもう大変で大変で」

ラブがふと立ち止まり、しっぽをぶんぶん振っている。トラクターで作業する恒弘さんを見つけたのだ。英子さんも手を振る。

「主人がほんとうに農業にこだわりをもって取り組み、わたしはそれに従ってやる感じで、今は二人で生産しています。今後は、生産は主人が中心で、販売や経理はわたしが中心という形でやっていきます。わたしは石鹸と赤米の方をとにかく伝えていきたいので」と、ラブをなでながら言った。

すべてがちょうどよく回り始め、赤米の田んぼも次年度から増やそうと思っていたところへ、コロナ禍が襲ってきた。赤米は観光と結びついた需要だったので、大打撃を受けた。結局、赤米の田んぼは一枚ずつ減らしていくしかなかったという。今後の展開を聞くと、英子さんは考えながら言った。

「観光客が戻ってきたとしても、今までみたいにお土産をいろいろ買うとか、そういう観光からすこし変わるんじゃないかなと思っているんです。全国的に考えたらそうじゃないかもしれないけれど、但馬って考えるとちょっと難しいのかなって。再構築して再出発したいなと思っているところなんです」

言葉の意味するところは重いが、英子さんの表情は明るかった。自分の体験からくる揺るぎない想いと夫婦の愛情が、先が見えない不安を消す灯（ともしび）になっているようだった。

※獣害…田んぼの害獣はイノシシやシカ。こうした野生動物が田んぼに入ると、イネを踏み荒らしたりコメを食べるだけでなく、コメに臭いがつくなどの被害も出る。

◆農産物の生産と直売所の経営をする坂井涼子さん

ＪＲ新潟駅から車で20分ほど行った新潟市郊外に、羊が14頭、ニワトリが50羽いる直売所がある。(有)坂井ファームクリエイトが運営する「採彩（さいさい）」だ。代表の坂井涼子さん（39）はコメと小松菜、小ネギを生産し、農産物の直売所を経営している。

わたしが彼女と初めて会ったのは、新潟県農業法人協会の会合だった。坂井さんは二人の女性理事のうちの一人だった。すらっと背が高く、華がある女性だ。坂井家は２６０年ほど続く農家で、涼子さんが10代目になる。が、すんなり就農したわけではなかった。

高校在学中に久野綾希子（くのあきこ）主演ミュージカルのヒロインに大抜擢（ばってき）され、上京して芸能界に入った。

高校生らしいはつらつとしたボディだった涼子さんは、事務所から「ダイエットも仕事のうちだから」と減量を命じられる。自己流で無理なダイエットを続けるうちに生理も止まり気力も落ちて、ある日、渋谷の街中でばったり倒れてしまった。

――わたし、何をやっているんだろう…。

おいしいお米や野菜を作っている父親や地域の人たちの顔が浮かび、涙がぼろぼろ流れた。そして、新潟に帰る決意をした。実家で農業を手伝い始めると、みるみるうちに体調が回復してきた。その頃を涼子さんはこう振り返る。

「農業って、朝、日が出てから、夜、日が沈むまで精いっぱい体を動かすから、おなかもすくし夜もしっかり眠れる。こうやって人間の五感をフルに使って日常を送っているわたしは、すごく人間らしい生活をしているなぁと思ったのをよく覚えています」

その後、もっと農業を学びたい、県外の農業者と知り合いたいと思い、独立行政法人・農業者大学校へ進学した。学校には全国各地から生徒が集まっており、その仲間との交流は今も続いているという。

羊のいる直売所

卒業後、父の経営していた直売所「採彩」に就職し、農業と直売の経営を学ぶ日々が続いた。

父親の孝一さんが「採彩」をオープンしたのは、今からおよそ20年ほど前。いわゆる直売所の先駆けだった。当時、孝一さんは野菜類をスーパーと直接取引していた。他方、地域の農家はほとんどが農協出荷か市場出荷で、自分たちで値付けはできなかった。孝一さんのスタイルをよく思わない人たちもいたが、孝一さんは、「うちだけが良ければいいと思っているんじゃない、地域の一人ひとりが元気でないと地域の未来がない」と訴えた。そして「みなさんが持ち寄り販売する直売所を作るから、品質の良いものを作って自分で値付けをしてみんなで利益を出していこう」と、周辺農家を説得した。

開設後しばらくは閑古鳥が鳴く状態だったらしい。地道な努力を10年ほど続けた頃だろうか、全国的な直売所ブームが起きた。そこからは右肩上がりだった。ところがその後、農協が直営の直売所を各地に作り始める。涼子さんの顔が曇った。

「農協さんの直売所は箱が大きいし、横のつながりが大きいしで、今は押されている感じです。例えば農協は商品がない時期でも、よその農協から引っ張ってこられるんですよね。わたしも農業者大学校の友人ネットワークを駆使して仕入れを工夫していますけど…」

涼子さんは父・孝一さんとおよそ10年間、共に働いた。冒頭に書いた羊を導入したのは、涼子さんのアイデアだ。自分自身が羊のいる直売所で癒された体験がきっかけだった。

「ここは大きな県道から一本入った、ちょっと不便で、のどかなところなんです。わざわざお客さんに来てもらえるような何かを作れないかと思って、飼い始めました」

羊がいる直売所は人気になった。子羊が生まれると地元のメディアに取り上げられ、毛刈りイベントを開催して集客もできた。しかし、である。羊は増えるのだ。

「年に5頭くらい生まれるので、お客さんには言えないんですけれど、生まれた頭数分だけ食肉にして、東京の卸業者に卸しています。国産マトンは希少なので好評らしいです」

「そうなのですか。ちょっとショック…。でも仕方ないですよね。高く売れてよかったです」

とわたしが言うと、涼子さんはいやいやと首を振った。

「利益は出ないです。羊は餌が輸入モノで高いんです。餌代がすこし出るかなぁというくらい。ただ、羊の皮はムートンにしてもらい、どこも捨てることなく命をいただいています」

ふむ、植物でも動物でも人間が命をいただくというのはそういうことなのね、とわたしは今更ながら感じた。ちなみにニワトリからは卵をいただいて、直売所で販売している。

さて、父親の下で元気に楽しく働いている涼子さんは良縁に恵まれ、婿入りして坂井の名字を名乗ってくれる男性と結婚した。彼、友介さんは自身が立ち上げた法人で枝豆・イチゴ・長ネギを栽培し、さらに坂井ファームのコメ作りも引き受けている。子どもは小学4年生を筆頭に三人、子育てにも手がかかる時期だ。

「ご夫婦で共に作業する時間も多いですね？」と聞くと、涼子さんはすこし照れた顔をした。

「はい、共同作業しています。夫は他人ですけれど、似たような感覚を持っているなぁという感じ。子育ても家事も分担してスムーズにできていると思います」

店頭精米でおいしさを知ってもらう

順風満帆に見える涼子さんだが、三年前に父・孝一さんを農作業中の不慮の事故で亡くした。すぐさま父の後を継いで、直売所を経営していかなければならなかった。そうなって初めて、会社全体を見るようになったという。売り上げが下がってきている中、どうしたらいいか必死で考えた。

まず取り組んだのがコメ部門だった。店頭精米を二通りの方法で導入した。

ひとつは、お客が単発の注文としてお米を購入し、その場で精米したものを持ち帰る。

もうひとつは「玄米お預かりサービス」と題した前払いの年間契約だ。契約したお客は商品受け渡しチケットを使って、欲しい分だけ精米してもらい持ち帰る。冬には自社製のお餅のプレゼントという特典もある。この玄米お預かりサービスはシニア層をターゲットにしたつもりだったが、フタを開けると利用者は20～40代が圧倒的に多かった。

「ほんとうにびっくりしたのは、安いお米を探している若い世代の方がとても多いことです。お得だからと買って、精米したてを食べて初めて、お米のおいしさに気が付いた人が多いみたいです。精米してもらうために来店して、ついでにお野菜などを購入したり、羊を見たりと、来店動機が増えてかなり相乗効果があったと思います」

これにはわたしも驚いた。米どころでも、精米したてのお米を食べる人は多くないということか。縁故米（えんこまい）で一度に大量のお米をもらうだけでなく、安価なお米をまとめ買いする人が増えてい

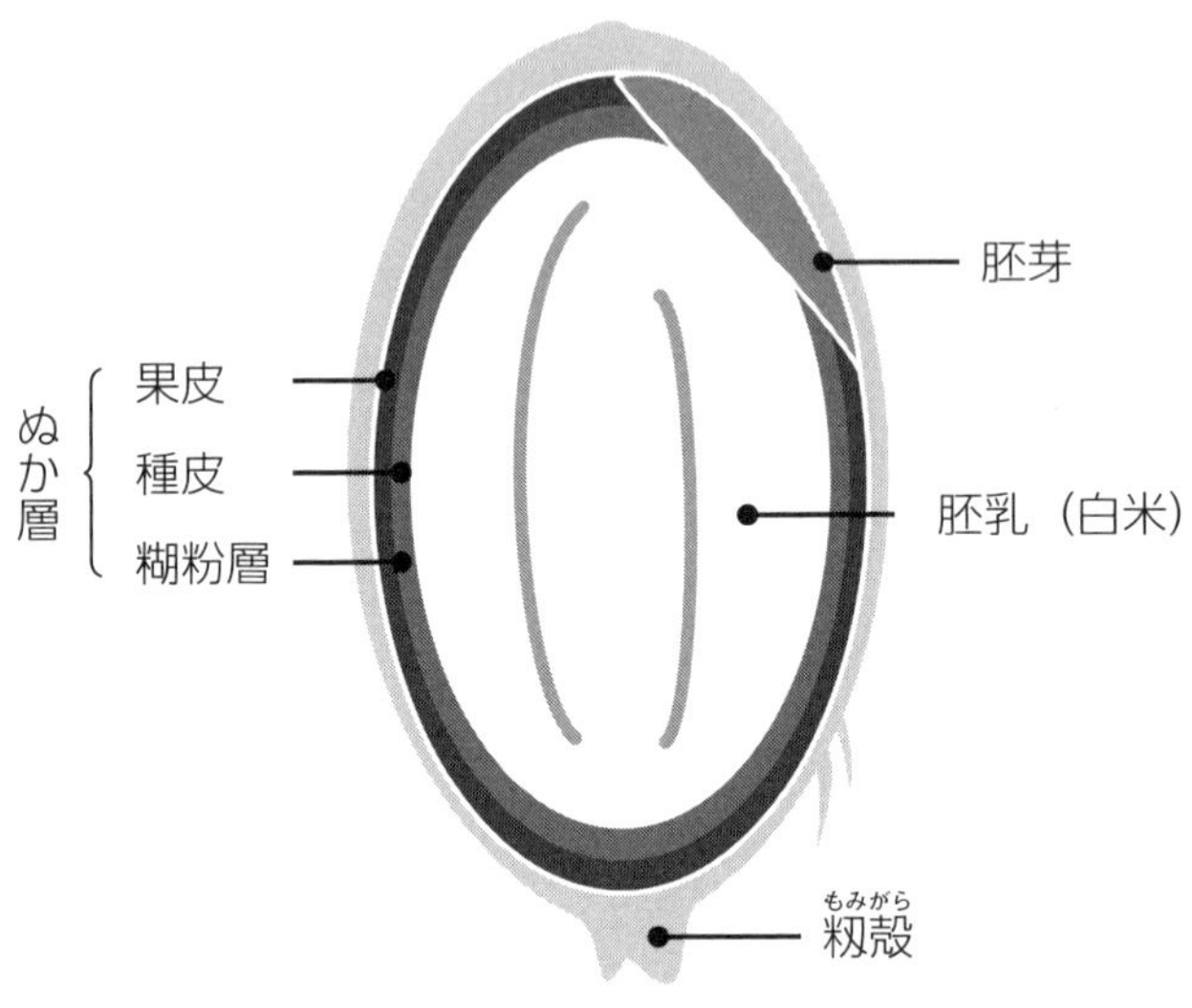

お米の構造

るのかもしれない。

ちなみに、よく誤解されるのだが、お米は乾物ではない。野菜や果物と同じ、生鮮食品だ。野菜に賞味期限の表示がないように、お米も賞味期限の記載は必要ない。ただ、お米は品質の劣化が目に見えにくいため、精米時期の記載が義務付けられている。

お米は、精米して玄米の皮（果皮）を取ると、ぬか層と白米の部分（胚乳）が空気に触れ、酸化が進む（上図参照）。つまり、精米後は徐々に味が落ちていく。だから精米したお米は、できるだけ密封して冷暗所で保存し、精米後およそ一か月を目安に食べ切ってほしい。要するにお米の賞味期限は、精米時期から一か月程度と考えるといい。

店の名物を作りたい

涼子さんは直売所の売り上げ対策として、もうひとつ手を打った。新潟県のチャレンジ補助金を使って、昨年からお惣菜の製造販売を始めたのだ。農産物の販売はどんなに売れても持ち寄り方式のため、手数料分の売り上げにしかならない。また箱（建物）の大きさを考えると、おのずと上限も決まってしまうという。

そこで自社で栽培している小松菜を使い、小松菜メンチカツを開発した。女性客を中心に好評で、販売開始から４か月を越えてようやく安定して売れるようになってきた。

「小松菜メンチカツ、すごくいいですね！　ヘルシーだし、食べてみたいです」

とわたしがうきうきした調子で言うと、涼子さんは「ありがとうございます」と言い、それからすこし間があった。

「ここにしかないものを作って、とにかくお客さんに来てもらいたいんです。今はそれが何なのかを探しているところです。間違っているかもしれないけれど…直売所の名物が総菜でいいのかという問題はあるけれど…とても悩んでいます」

わたしは言葉に出して言わなかったけれど、それでいいと思った。小松菜メンチカツでも羊でも店頭精米でも、お客がそれを求めて来店するなら、店の名物だ。店は経営者だけのものではない。地域の人々が集う店ならなおさらだ。

涼子さんは続けた。

「今は圧倒的にわたしの時間が足りないのを感じています。子どももしっかり育てたいし、会社もうまく運営していきたいし、でも現状に甘んじずに新たな挑戦もしないとお客さんに飽きられちゃうし。そうかといって気軽に人も雇えないです。農産物の単価が下がっている、肥料や資材は値上がりしている、社員の給与も上げたい、でも先行き不安だし…。どうしていこうかというところですね」

「あの、わたしが言うのも何ですが、急に経営を継いでまだ三年、経営者としてはひよっこだから、過度にプレッシャーを感じないで…」

と、なんとか励ましたいと焦り、言葉が上滑りした。涼子さんがケラケラと笑った。

「そうですよねぇ、ひよっこですよねぇ。でも直売所を今の場所から県道沿いに移転するという夢があるんです。だからなんとかがんばらないと。まだ無我夢中でやっているので、ストレスを体では感じていないから大丈夫です！」

経営に女性の視点を

ここでは二人の女性を紹介した。彼女たちにインタビューしたのは、女性ならではの「しなやかな強さ」を知りたかったからだ。

冒頭で彼女たちを「孤軍奮闘するユニークな女性」と紹介した。ひとりで道を切り開いてきたという意味では孤軍奮闘だろう。でも彼女たちの周りには家族や地域の人たちなど、陰でそっと支える人たちがいる。インタビュー中、彼女たちはそうした人々への感謝の気持ちを何度も口にした。そしてお客様への感謝や心遣いも深い。

性差をステレオタイプに述べるつもりはないが、彼女たちのしなやかさと細やかな心遣いは、やはり女性ならではのものだと思う。

これからのコメ作りは、「生産」の視点だけでは生き残れない。黙っていても売れる時代は、とっくの昔に終わった。買う人・食べる人の視点が絶対的に必要だ。それは取りも直さず、「売る」視点に直結する。女性ならではの細やかな心遣いやアイデアが例えば営業やＳＮＳでの広報活動などの場面で、大きな役割を果たすのではないか。

実際、（1）で紹介した南魚沼の井口農場では、生産は井口登さんが全面的に行うが、顧客対応も含めた販売のシーンでは妻の孝子さんが活躍している。孝子さんは井口農場にとって、なくてはならない存在になっている。

若手の農業者に話を聞くと、夫婦で別の仕事をしていることが少なくない。夫は農業専従、妻は外で非農業の仕事という具合に。それは収入の保険的な意味合いもあるだろうし、キャリアを築いてきた妻への配慮もあるだろう。大事なことだと思う。ただ、欠けている（と思われる）視点を補強する何かを考えておいた方がいい。

家族経営でも法人でも、女性がいるかいないかで今後、大きく差が開いてくるだろう。女性が単なる数合わせではなく、本質的な意味で経営にコミットしていることが重要だ。出産や子育てと両立できる、あるいは子育てが一段落してからでもチャレンジできる職業であってほしいと思う。

性差は乗り越えるものではなく、尊重し合い、活かし合うもの。農業においてそういう意識が高まってくることを願う。

他方、女性にも悩みがある。野世英子さん・坂井涼子さんの悩みは、経営の知識や経験の不足から来るものに感じた。農業に限らないが、出産や子育てで一定期間を社会から切り離されてしまうのは（彼女たちがそれを望んだとしても）ビジネスの観点からはやはり厳しい。

また女性経営者数が非常に少ないため、いわゆるロールモデルもいない。相談できる先輩や友人も限られている。この点を支援する仕組みができたら、今、孤軍奮闘している彼女たちの大きな助けになるだろうし、女性の新規就農者も増えるのではないだろうか。

経営の視点が必要なのは男性も同様だ。この項「1．本気で『売る』生産者たち」では、コメを作るだけでなく、売ることを自ら実践してきた生産者に話を聞いてきた。

取材を通して感じたのは、売ることを考えるとはすなわち、経営の視点を持つことに他ならないということだ。お金を得るために、モノを作ったら売ることを考えるのは至極当然なこと。さらに、扱う量や金額が大きくなり人を雇うようになったら、経営を考えなくてはならない。

ところがコメの生産・販売は長らく国の統制下にあったため、農家は売ることや経営を真剣に考えてこなかった。今まで何十年もしてこなかったのだから仕方がないのだが、自由化された以上そうはいかない。これからは、ただコメを作るだけでは十分な利益を確保できるかわからない。

家業として、あるいは農業法人として持続可能であるためには、今後ますます経営の視点が必要となる。

取材した二人の女性たちの前には大きな壁が立ちはだかっている。ここまで自分で道を切り開いてきた、それだけでも十分素晴らしいと思うが、第二ステージへ行けるかどうかの正念場だ。彼女たちならきっと、しなやかに壁を乗り越えていけると信じている。心から応援したい。

2. 農薬の光と影

（1）農薬は何のために使うのか

稲作に限らず農業には、農薬が必要不可欠だといわれてきた。実際、完全な無農薬栽培をする農家は希少だ。使うのが当たり前なのだ。けれども、もし農薬を使った一般的な栽培方法（慣行栽培）のお米と、減農薬・無農薬で栽培したお米のどちらかを選べと言われたら、あなたはどちらを選ぶだろうか？　値段が同じだったら、多くの人が減農薬・無農薬栽培の方を選ぶのではないだろうか。

そして選んだ理由を聞かれたら、あなたは何と答えるだろうか？　「やっぱり農薬は環境や人体に良くないんじゃないですか」という声が聞こえてきそうだ。だが、おかしなことに、お米や野菜は減・無農薬を選んでも、自宅の庭やプランターの野菜や植物には、防虫剤や殺虫剤を気軽に使う人が少なくない。

農薬はプロの農家だけが使うものではない。あなたがガーデニングで使う薬剤も農薬だし、美しいゴルフ場や街路樹を維持するために使う薬剤も農薬だ。つまり農作物だけでなく、観賞用植物なども含め、人が育てている植物に使われる薬剤を「農薬」という。

農薬の必要性

農薬は大きく3つに分類される。①病害虫の防除に使う薬剤（殺虫剤・殺菌剤・除草剤）、②植物の成長調整に使う薬剤（発根促進剤・着果促進剤・無種子果剤）、③病害虫防除に用いる天敵（生物農薬と呼ばれるもの。テントウムシや昆虫ウイルスなど）。このように農薬とひとくちにいっても、殺虫剤や除草剤だけでなく様々なものがある。

日本では、農薬は農薬取締法による「農薬登録制度」によって厳しく管理されている。国（農林水産省）に登録された農薬だけが、製造・輸入・販売を許される。ラベルには、登録番号と「殺虫剤」などの用途が必ず表記されている。そして使用基準も厳格に規制されており、違反すると罰せられる。農薬登録制度は安全性を担保するために非常に綿密な仕組みになっており、安全性の評価も極めて厳格になされている。

ここですこし目を世界に転じてみよう。日本は人口減少局面にあるが、世界の人口は増え続けている。２０３０年には85億人になり、それに伴い今後20年間で農産物の需要は１・５倍に膨らむと予想されている。

他方で、気候変動によって干ばつや大雨のリスクが高まり、農地消失などが起きている。また農業には大量の水が必要だが、実は水も枯渇するといわれている。ある試算では、２０３０年までに過去20年間に比べ３倍弱の水資源開発が必要になると予測されている。このように需要が膨らむ一方で生産環境が悪化していることを考えると、生産効率を上げるために農薬が必要になることは想像に難くない。

以上、農薬の全体像をざっとまとめたが、読者のみなさんはどう感じただろうか。農薬が必要とされるシーンは思った以上に広いな、というのがわたしの率直な印象だ。また使用される農薬は国で厳しく管理されていることも念頭に置いて、次へと読み進めてほしい。

（２）農薬の販売に携わる立場から

農薬について、全国農薬協同組合理事長の大森茂さん（69）に話を聞いた。大森さんは、岡山市にある山陽薬品株式会社の代表取締役会長でもある。山陽薬品は農薬や肥料の販売を主業とする。大森さんは大学で管理工学について学んだ後、医療製薬メーカーの三共株式会社（現在の第一三共株式会社）を経て、山陽薬品に入社した。農薬について広い知見を有する人だ。

山陽薬品は大森さんの父親が1952（昭和27）年に創業した。当時は戦後の食糧難からコメを中心とした食糧増産が叫ばれていた時代だ。農薬は戦後に導入された新しい産業で「これで病虫害を防いで社会の役に立ちたい」と農薬販売会社を立ち上げた。

平成の米騒動と農薬

農薬は化学肥料と共に、食糧の安定生産と農作業の省力化に大きく貢献した。同時に、農薬の使用量も著しく増加していった。1962年にレイチェル・カーソンの『沈黙の春』が発表され、農薬による環境汚染問題について世界的に注目が集まった。日本でも昭和40年代以降、農薬の危険性と行き過ぎた使用がクローズアップされるようになった。

話はすこし前後するが、日本では1948（昭和23）年に農薬取締法が制定され、それに基づき農薬登録制度が設けられ、農薬の販売と使用が規制されてきた。その後、次々に新しい薬剤が登場し、農薬の農作物や水、土壌への残留性や健康への懸念など、社会的な関心の高まりと科学的知見の集積などから、農薬取締法は1963年、1971年、2002年と大改正されている。特に2002（平成14）年の改正では、農薬使用者すべてに使用基準の遵守を義務付け、違反者には罰則規定が設けられた。

大森さんが山陽薬品の社長に就任したのは1994（平成6）年2月。大森さんは当時を思い出して言った。

「その前の年は冷夏で『いもち病』が大流行しましてね。薬があればこそ、収量は落ちたけれどなんとかコメは取れたという状況でした。それまで農薬は環境汚染だと言われていたのが一転、農薬が必要だという認識が高まった年でしたね」

いわゆる「平成の米騒動」だ。１９９３年は梅雨入り後、雨天と曇天が8月に入ってもダラダラと長引き、気象庁はとうとう梅雨明けを特定できなかった。長期の日照不足と長雨低温で稲は実らないだけでなく、「いもち病」も大発生した。いもち病は水稲栽培で特に気を付けるべき病害のひとつで、特に夏に気温が低く長雨が続く年に発生することが多い。

結局、この年のコメの作況指数は74。「著しい不良」の90を大きく下回り、戦後例のない大不作となった。政府の持ち越し在庫が少なかったこともあり、大幅なコメ不足に陥り、タイなど海外からコメを緊急輸入する事態となった。わたしは当時の記憶を思い出しながら言った。

「大森さんには申し訳ないのですが、わたしは農薬を使うことには抵抗を感じます。でもあの年みたいなことになると、やっぱり農薬が必要ですね」

大森さんは静かにうなずいて言った。

「昨年（２０２１年）も西日本でウンカが大発生したでしょう。中には無農薬栽培でも対策をきっちりできる人もいるでしょうけれど、普通はなかなかそうもいかない。でもね、人間が薬はできるだけ飲まない方がいいのと一緒で、農薬は使わなくて済むのなら、使わない方がいいんですよ」

「えっ?」うっかり声に出してしまった。「農薬を売る立場の大森さんでも、そう思っていらっしゃるんですか?」

「そうですよ。わたしたちは風邪をひいたときは、風邪薬を飲んで早く治そうとしますよね。それと同じで、農薬は『イネにとっての薬』だと思ってもらえればいいと思いますよ」

農薬市場の現状

わたしはなるほどと思ったが、すこし抵抗を試みた。

「でも、人間はすぐ病院で薬を処方してもらいたがるし、サプリメントも利用する人が多いですよね?」

「そこがね、どうかと思うんですよ。わたしが三共にいた1982年当時、農薬の市場が4千億円、医薬品が4兆円規模でした。ところが現在では、農薬はだいたい3200~3300億円、医薬品は9兆円規模になっています。もっと言うと、サプリなどの健康食品は8千から9千億円の規模だそうですよ」

話には聞いていたが、あらためて数字を聞くと驚く。大森さんが続ける。

「農薬の市場が縮小したのは、栽培面積が減ったことと輸入産物が増えたからですね。医薬品の規模が拡大したのは、長寿で薬のお世話になる場面が多くなったから。農薬の問題を言うときにより『土壌や作物が薬漬けになっている』という言い方をされるのですが、薬漬けという状況は農薬ではなく、医薬品の場面というのが現実かもしれないとわたしは思うんですけれどね」

たしかにそうだと思った。大森さんによると、農薬市場の縮小により、農薬ビジネスの企業はだいぶ姿を変えてきた。

「わたしが在籍していた三共も、かつては農薬も作っていたのですが、農薬部門は三井化学へ売られました。他にも武田薬品の農薬部門は住友化学へという具合に、それぞれ医薬品メーカーとして特化する形になり、周辺分野である農薬部門は売られました。塩野義も昔は農薬を作っていましたが、外資系に売られて今はバイエルの一部になっています」

海外の農薬も再編が激しい。２０２１年の農薬の市場シェアで、１位は中国系企業と経営統合したスイスのシンジェンタ、２位がモンサントを買収したバイエル、３位は旧デュポンの農薬事業が分社化されたコルテバ。日本の企業としては住友化学が７位に入る。

農薬の安全性

わたしは前から疑問に思っていたことを質問した。

「農家さんから、ひと昔前の農薬は栽培初期と中期など何回もまかなければならなかったけれど、最近は一回で済む『一発剤』になってラクになったよ、と聞きました。省作業になるし、農薬を使う回数が減ると農家さん自身の暴露量も減るからいいのかなと思います。でも消費者としては素人考えですけれど、より強力な農薬になって環境負荷が高くなり、人体への影響も大きくなるように思うのですが」

大森さんは、そこは違う、と明確に否定した。

「お米でいえば農薬は、虫の薬と病気の薬と二つ必要で、それぞれ別の薬です。手間を省く需要が高まっているので、二つを混ぜ合わせて一回であれもこれも効くという薬が出てきていますね。でも昔に比べて、農薬の安全性の基準は高くなっています。昔は使えたが今は使えなくなっている薬がけっこうあるんですよ。

昔は薬を開発するのに10年、10億かかると言われていました。でも今は研究期間が20年になって20億かかるようになってきています。というのは、昔は安全性のデータは急性経口毒性値だけでしたが、今は慢性毒性や発がん性のデータも必要です。つまり一世代だけでなく、お母さんから子ども、孫まで確認しなさいよという形になっています」

それはメーカー側の負担も大変なものだろうと思った。安全には代えられないが。大森さんはわたしの理解度を見ながらゆっくり話を進めた。

「そうなると市場は拡大していないのに研究開発費は増える一方だから、商品の数は減らさざるを得ない。だから昔より農薬の効果が高いけれど、値段も高くなっています」

「種類が少なくて高い農薬をどう売るか、ということになるわけですね」

「そうです。わたしが社長になった頃から、この業界も親の時代とはだいぶ変わってきました。

農薬をただ売ればいいのではなく、企業として安全性にも極力気を使う。例えば誤った薬の使い方をしないようアドバイスするとかね。つまり、農薬というモノだけでなく、安全も付けて売るビジネスになりました」

ハッとした。わたしは持病の薬を毎日服用するのだが、主治医が毎回のように、「薬というものはできれば飲まない方がいいんだけど、そういうわけにはいかないでしょう。だから用法用量は必ず守ってくださいね」と言うのを思い出した。

「実はおととい、ある県で農薬の事故があったんですよ。土壌くん蒸剤は畑の中に薬を入れて被覆しなければならないのだけど、普通にまいてしまったらしい。いくら安全性が高くても、間違った使い方をすればそりゃあ怖いですよ」と、大森さんは言った。

こうした農薬の誤用による事故は後を絶たない。そのため大森さんが理事長を務める全国農薬協同組合では、農薬の安全な使用を指導教育する農薬安全コンサルタントの認定者のさらなる認知と資質の向上を目指している。

「安心」と「安全」

ここまで話を聞いて、わたしはすこし混乱してきた。

「先ほどおっしゃったように、農薬は『イネの薬』だと考えると、使い方を間違えなければ必要なときに正しく使えばいいと思えるのですが、消費者としては、やっぱり無農薬の方がなんとなく安心安全な気がしてしまうのですが」

大森さんはそうですよね、というような表情を浮かべた。

「無農薬だから安心できます、とおっしゃるのは、その人の自由だとわたしは思うんですよ。というのは『安心』は気持ちの問題だから。だけど、無農薬だから『安全』だと言われたら違いますよ、と言いたくなりますね。なぜかといえば、無農薬は安全という言い方は裏を返せば、農薬を使ったら安全ではないという意味になりますよね。安心と安全は別の問題で、『安全』はデータに基づいて考えるものでしょう」

あっ、とわたしは声を上げた。わたしたちは何気なく「安心安全」とセットで使うが、「安心」と「安全」は違うのだ。イメージで言葉を使うのはなんと無責任なことか。大森さんは、「先日、農業高校の先生からこんな話を聞いたんですよ」と、続けた。

「高校生に農薬を使う実習をしたら、保護者から『うちの子になんでそんな危険なことをさせるんですか』と、クレームが来たって言うんですよ。農業を勉強させようという親ですら、農薬は危ないとイメージで思い込んでいるんですね。たしかにマスクなど防御はしなければいけないけれど、農薬は劇薬ばかりではないんですけれどねぇ」

笑い話のような話だが、きっとこんなことは珍しいことではないのだろう。正しく知ることはとても大切だ。大森さんは、「我々ももっと広報活動をしていかなければならないと思っているんですが、なかなか難しいところです」と言った。

インタビューを終え、わたしは目からうろこが何枚も落ちた。が、同時にずっしりと重い宿題を抱えた気持ちになった。農薬の問題は生産者だけのものではなく、消費者が共に考えるものだと強く感じた。

安全性の部分は複雑で、なおかつ常に最新の情報に当たらなければならない。専門家でもなければ、正確に理解するのは難しい。でもわたしたちがすべきは、「正しいことを理解しよう」とする姿勢だ。安全性のデータが公表されているのに、それを見ずに農薬は危険だと信じてしまうことも、逆に毎年使っているから、農協に言われたからといって、よく考えずに農薬を使うことも、どちらも避けるべきではないだろうか。

農薬の話題は非常にセンシティブで、ともすると感情的になりがちだ。努めてフラットな視点でありたい。

3. コウノトリ・トキと共に歩む産地

前項では農薬について考えた。大森さんが言ったように、農薬は風邪薬と同じようなものだとすれば、ステレオタイプ的に否定するのではなく、ほんとうに必要な場面では使うべきだろう。

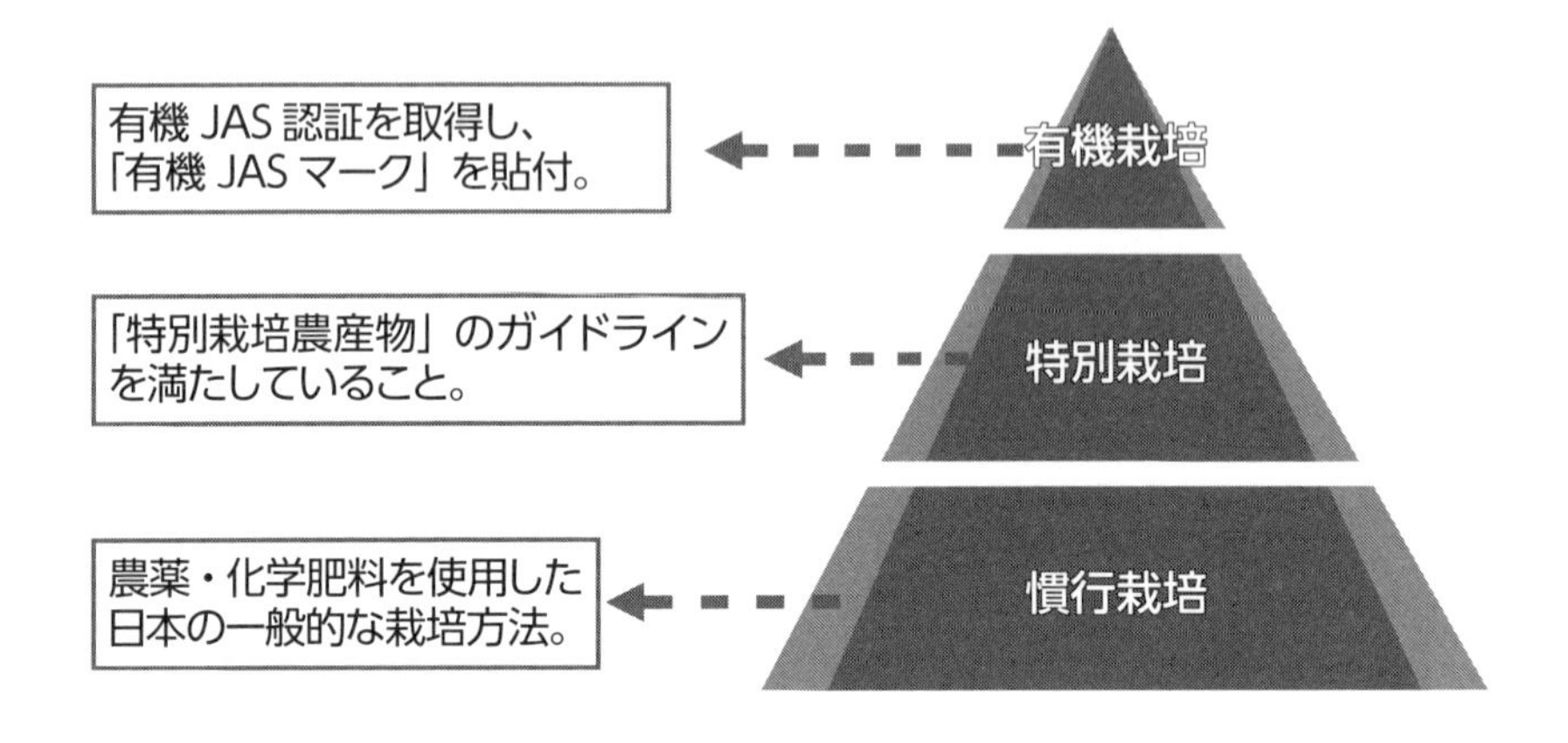

とはいえ、できるだけ使わないにこしたことはない。

では、農薬を使っていないお米かそうでないのか、買うときにどこで見分けたらいいか。このときに参考になるのが「有機ＪＡＳマーク」だ（上図参照）。日本ではいわゆるＪＡＳ法により、国内産でも輸入品でも、有機ＪＡＳ認証を取得していない農産物は、「有機」や「オーガニック」と表示できない。

野菜や果物では最近、この有機ＪＡＳマークを見かけることが増えてきたが、お米はまだまだ少ない。コメの総生産量のうち有機ＪＡＳはたったの０・１％程度だ。なぜ有機ＪＡＳが増えないかというと、認証を取得するには、播種（はしゅ）・定植の２年以上前から様々な厳しい要件を満たす必要があり、手間と時間がかかる上に、申請や検査などの費用もかなりかかるからだ。

他方、「無農薬」や「減農薬」という表示は基準が不明確なため、農林水産省のガイドラインによって禁止されている。そのため、お米屋さんでは「栽培期間中農薬不使用」とか、「節減対象農薬○割減」などと表示されている。

このほかに「特別栽培農産物」という表示がある。これは農林水産省ガイドラインにより、農薬と化学肥料の窒素成分量が慣行栽培（通常の農薬や化学肥料を使った栽培）の５割以下であることを示している。

このように栽培に関する表示はわかりにくいのだが、消費者としてこれは覚えておくべき知識だろう。ちなみに、値段は有機ＪＡＳが最も高い。

有機米栽培の地へ

わたしは有機食材の宅配サービス「大地を守る会」を25年ほど利用している。入会した当時は有機農業を実践する生産者も、それを食べようという消費者も、今よりずっと少なかった。わたしが入会したのは、おいしさや安全を求める他に、買うことで有機農業を支えたいと思ったからだ。その頃に比べたら今はずいぶんと有機農業の輪は広がったと思う。が、それでも有機農業を実施する農地は全体の０・６％程度にとどまっている。

単に「安全」をうたうだけでは広く共感を得られない。消費者がすこし余分にお金を払って買うこと、農家が熱意と労力をかけて生産すること、この二つは必要だ。でも、それだけでは埋められない大きなピースを見落としている気がしていた。

コメ業界に関わるようになって、絶滅したコウノトリを復活させた兵庫県豊岡市と、トキを復活させた新潟県佐渡市では、有機農業や減農薬栽培が大きな役割を果たしていることを知った。それぞれ「コウノトリ育むお米」「朱鷺(とき)と暮らす郷」認証米としてブランド化されている。見落としている何かは、ここで見つかるかもしれない。

2021年晩秋、新型コロナウイルスの感染拡大がすこし落ち着いているタイミングを狙って、豊岡と佐渡へ向かった。豊岡ではコウノトリ育む農法を最初に始めた生産者のひとりである根岸謙次さん(52)、佐渡では当時新潟県の普及指導員だった服部謙次さん(46)に、案内していただいた。その際、わたしからは見たいものや会いたい人を指定しなかった。二人とも当地における有機農業を深く知り、当地の風土と文化を愛している人だ。そんな彼らが何を見ているのか、知りたかったのだ。見落としているピースは、きっとそこにある。

(1) コウノトリ育む農法の豊岡市へ

大阪から豊岡へ、特急こうのとり(城崎(きのさき)温泉行)に乗って2時間半。宝塚駅を過ぎると田園風景が広がり、新三田駅に差し掛かるあたりから一気に山あいに入る。山の景色が長く続き、瀬戸内海側から日本海側へと通り抜けているのを実感する。時折、山のわずかな隙間に田んぼや畑がぽつぽつと見える。平地が見えてきたと思ったら、まもなく豊岡駅に到着した。

豊岡駅のホームは拍子抜けするほど人がいなかった。改札口で、根岸さんが日焼けした顔に人懐っこい笑顔を浮かべて迎えてくれた。根岸さんは稲刈りもすべて終わって冬に向けて秋の作業をする時期で、案内を快く引き受けてくれたのだ。

まず向かったのは、豊岡市立ハチゴロウの戸島湿地。根岸さんの車で円山川沿いを下り、豊岡から見て北、日本海側へと向かう。豊岡は盆地で、遠くに緩やかな山々が見える。新潟県の山ばかり見てきたわたしには、なだらかな丘のように思えた。

「これは、川ですか？」

円山川を見て根岸さんに聞いた。見慣れている多摩川や隅田川、荒川と比べて、なみなみとした川面は鏡のように揺らぎがなく、ゆったりしている。まるで大きな湖みたいだ。

「豊岡は真っ平らで河口までほとんど勾配がないんです。この辺りで河口から12キロくらいなんですが、ここまで海の水が流れ込んできます。イサキとかカレイなど海のお魚が釣れたりするんですよ。昔は沼地みたいなじるじるした土地で、ほんとうに苦労していたらしいです。昭和40年代頃から乾田化の工事が行われて、やっと自分らがこうして田んぼができるようになったんです」

コウノトリとハチゴロウの戸島湿地

コウノトリは但馬国（たじまのくに）で古くから人々に愛されてきた。城崎温泉にもコウノトリにまつわる伝説がある。最も古い外湯である「鴻の湯」には、舒明天皇の頃（約１４００年前）、足を怪我したコウノトリが湧き出るお湯に足を浸して傷を癒していた、という開湯伝説がある。鴻の湯の前庭にはかわいいコウノトリのつがいの像があり、夫婦円満や不老長寿の湯として観光客や地元住民に親しまれている。

　但馬に限らずコウノトリは昔から、瑞鳥（吉兆とされる鳥）として大切にされてきた歴史がある。コウノトリを「ツル」と呼んでいた地方も多く、めでたい絵柄とされる松と描かれる白い鳥や、民話の「鶴の恩返し」は実はツルではなく、コウノトリだともいわれている。コウノトリはツルのように鳴くことができず、クラッタリングといい、くちばしをカタカタと鳴らす。これが機織り機の音として描かれたのではないかということだ。

　豊岡は根岸さんが教えてくれたように、平地の円山川下流域は海抜が低く、かつては海のような沼地が広がっていた。稲作が困難な地形で、平地部分の湿田以外は、山での小さな棚田しか選択肢がなかった。湿田は「嫁殺しの田んぼ」と言われ、稲作は重労働だった。

　ただ、人間には苦労ばかりの沼地だが、カエルや魚など沼地の生きものを食べるコウノトリには楽園のような環境だったようだ。ところが、いつしか稲を踏み荒らす害鳥だと思われるようになり、明治期に乱獲された。そして戦後は、農薬の使用や土地整備で沼地や湿田が消えるにつれて、餌となる生きものが激減する。こうしてコウノトリは人間に追いやられ、とうとう１９７１（昭和46）年に絶滅した。その最後の一羽が生息していたのが、豊岡だった。

悲願だったコウノトリの野生復帰

絶滅後、ロシア（旧ソ連）から兵庫県が幼鳥を譲り受け、人工飼育を始めて25年目の１９８９（平成元）年、待望のヒナが生まれた。以後、飼育下では順調に繁殖していき、野生復帰が次の目標となっていった。

そんな折、２００２（平成14）年8月5日、大陸から一羽のコウノトリが飛来した。その頃には人々の中では野生のコウノトリの記憶はもうだいぶ薄れていたから、大きな羽を広げて空を滑るように飛ぶ姿を見た人々は、一瞬にして心をわしづかみにされた。そして飛来した日にちなみ、「ハチゴロウ」と名付けて見守った。ハチゴロウは戸島地区の湿田が気に入り毎日のようにやって来た。ところがこの時期、この地区では土地改良事業が始まっていた。ハチゴロウは乾田化のかさ上げ工事の途中にやってきたのだ。乾田化は農家の悲願。一方、ハチゴロウを見守っていた人々からは環境保護の声が上がる…。

豊岡市は地区の農家と粘り強く話し合いを重ねた。最終的には、農家が農地の半分をコウノトリの環境保護のために豊岡市に提供することに合意し、土地改良工事が進んだ。そして２００９年に豊岡市立ハチゴロウの戸島湿地が開設した。その間の２００５年には、人工繁殖のコウノトリが初放鳥された。市民の間でもコウノトリ野生復帰への熱が非常に高まっていた頃だった。とはいえ、農家が代々守ってきた自らの土地を手放す気持ちを思うと切なくなる。

◆日本コウノトリの会代表・佐竹節夫さん

ハチゴロウの戸島湿地は川沿いの道をすこし入ったところにある。川向こうは城崎町だ。質素な管理棟で、日本コウノトリの会代表の佐竹節夫(せつお)さん（72）に話を聞いた。

佐竹さんは近畿大学卒業後、豊岡市役所に勤務。１９９０年からコウノトリ保護増殖事業の担当となった。コウノトリの郷公園の設置や野生復帰計画に深く携わり、コウノトリ共生課長、豊岡市立コウノトリ文化館長を経て、２００８年に市役所を退職。以後、日本コウノトリの会（事務局はコウノトリ湿地ネット）で活動している。ハチゴロウの戸島湿地は設立当初から、コウノトリ湿地ネットが指定管理者として管理運営している。要するに、佐竹さんは豊岡におけるコウノトリの保護増殖と野生復帰の立役者であり、コウノトリを深く愛している人だ。

優雅で大食漢のトリ

わたしはコウノトリを一度も見たことがなかった。幼稚園児くらいの背丈の白くて大きい鳥だ、ということとぐらいは知っているがその程度である。管理棟の大きなモニターには、水辺にたたずむコウノトリが映し出されていた。佐竹さんが窓の向こうを指さして言った。

「ほら、あそこに人工巣塔が見えるでしょ。あそこにおるのがライブカメラに映っているんです」

窓の外は池のような沼地が広がる。水辺には背の低い草から葦(よし)まで様々な植物が生い茂り、背後に森が見える。青いカワセミがさーっと飛び、羽虫がくるくる群れ、カエルの鳴き声がする。美しい世界だ。画面のコウノトリが歩き回り、そのすぐ近くにサギもいる。

「コウノトリって歩くんですね」と、わたしはすこし驚いた。

「サギはじーっとしていてやってくる魚を捕まえますが、コウノトリはパカパカ歩き回って餌を捕まえる。渉禽類といって水辺を歩く鳥です。脚はすごく長くて細い。水かきもついていて泥の中を歩きます。深いとダメで、そこはカモの世界。コウノトリは田植え後の田んぼがいちばん適しています」

コウノトリは長い脚を伸ばし、大股でゆっくり水辺を歩いている。時折、長い首をすっと下げ、黒くて長いくちばしでくいくいと水面を突く。

「カッコイイなぁ」と、見とれてつぶやくと、佐竹さんは嬉しそうな顔をした。

「身内びいきですけれど、サギと比べるとカッコイイですね。ほら、今、魚を食べましたね。コウノトリはウナギが大好きでね、よく取り合いしてますよ」

「えっ、ウナギがいるんですか？」

「海水が入り混じる汽水域なので、たまにいますよ。このあたりは海から３キロという地点で、地盤高は海抜20㎝です。潮位は変動するので、深いときはコウノトリは採餌できません。一帯は、川の勾配がないから海水・汽水・淡水が入り混じっています」

「ウナギを食べるなんて贅沢ですね。一日どれくらいの量を食べるんですか」

「コウノトリは大飯食らいなんです。生きものがたくさんいないといけない。例えば50センチくらいのナマズも食べますが、それだけで1キロある。飼育下では毎日500gくらい餌をやっているから、人間の計算だと2日分のはずなんですけれど、コウノトリは1キロのナマズを食べた後でもガバガバ食べます」

「個体差があるんですかね？」

「そうではなくて、肉食の鳥は目の前に餌がいたら、必ず追いかけて捕まえて食べますわ。みんなフンで出ていきます。だからなんぼ食べているかわからへんのです。最初、彼らがここにやって来たときに、こんなに圃場整備して農薬もやって、餌生物が足るのかどうか、僕らは心配でねぇ。もっと環境を良くすることに精力を注いできました。今はね、根岸さんたちが『育む農法』しているからね」

わたしの隣でいっしょに話を聞いていた根岸さんがうなずいた。

「そうですね、今は僕らが始めた頃よりも取り組む人も多くなって、カエルや魚や虫やら、生きものがたくさんいますね」

コウノトリと人間が共に暮らす街

コウノトリは多くの市民や農家、行政の協力のおかげで、絶滅から50年を経た2021年現在、日本には約260羽が確認されている。最近では豊岡以外の土地でも見られるようになった。コウノトリはもともと渡り鳥なので、長距離をすいすい飛ぶらしい。佐竹さんによると47都道府県すべてにコウノトリが飛来したそうだ。東京にも一晩で飛んでいくという。

日本中で増えるのは誠によろしいことだが、豊岡のシンボルとしてここまで育ててきた佐竹さんはどう思っているのだろうか。恐る恐る聞くと、佐竹さんは笑い飛ばした。

「豊岡市の鳥なんて言い方はナンセンス。５分後には隣の県に行ったりしますから。今は京丹後方面にたくさん来ています。良い環境があれば、そしたら鳥は素直にそっちに行きますよ」

コウノトリは環境のいい方へ行く。言われてみれば当たり前だが、食物連鎖の頂点に立つ大食いのため、これは実は非常に難しい問題を含む。とにかくたくさんの生きものが必要なのだ。佐竹さんは、昔の豊岡が棚田と湿田で苦労した話をした。

「つまりね、人間にとっては劣悪で、鳥にとっては最高の環境だった。だから豊岡のコウノトリの野生復帰というのは矛盾の産物なんですよ」

そんなことを言われると思っていなかったので、わたしは何と言っていいかわからなかった。

佐竹さんは自嘲気味に言った。

「昔は人間にとっては苦労だらけで、経済も良くなかった。戦後になって、今度は人間にいいように土地を整備して農薬を使って、必然的に鳥は絶滅した。これまでは、人間にもコウノトリにもいい共生なんてなかったわけです。どちらかの犠牲の上にあったんですね」

隣で共に話を聞いている根岸さんもうなずいた。

「でも、コウノトリをもう一度欲しいとなったときに最初は、『共生』という言い方をした。まあ、役所の頃、僕もそういう言い方をしていたんですけどね」

ただ、コウノトリは日本では、人の手が入った自然でないと生きられないという。なぜなら、コウノトリの主な繁殖地であるロシア極東の湿原は日本がすっぽり入るくらい広大だし、中国の黒龍江省の保護区も四国と同じくらいの面積がある。それに比べて、日本は国土の7割が山で、沼地があってもコウノトリの脚には深過ぎるからだ。あるがままの自然では多くのコウノトリは生きられない。だから彼らが日本で生きるには、田んぼのような人間が手を加えたところが基本にならざるを得ない。

しかし、保護という視点は日本人にはなかったはずだ、と佐竹さんは言う。一般的に自然保護の思想は西欧の文化から来たもので、神から預かったものを守るという考え方だったといわれている。

「稲作を中心とした暮らしの中に、コウノトリが『すいまへーん』とやってきただけなんですよ。人間は追い払っていない。『しゃあねぇなぁ』とそこにいるのを許してやっただけです。ところで、日本でいちばんのコウノトリの繁殖地はどこだったか、わかりますか?」

はて、とわたしは根岸さんと顔を見合わせた。

「江戸です。浅草寺の屋根にも住んでおったんですよ。関東平野は、横浜から東京湾、上野、霞ケ浦に干潟や湿地があり、田んぼがあった。都市計画の先生によると、江戸という市街地と農村は互いに支え合って循環していた。コウノトリはそういうところが好きなんですよ。江戸が先端の生息地だったというのは、今からの参考にもなるし、なるほどなぁと思いますね」

コウノトリは人間の暮らしのそばで生きる鳥なのだ。例えば豊岡では、と佐竹さんが例を挙げた。日中は郊外の田んぼで餌を食べて、夜は豊岡の市街地の電柱に行って寝る、そういう個体もいるらしい。

「人間の明かりが見えるところで寝るって、すごいでしょ」と佐竹さんは笑った。

「人間といっしょに暮らしているんですよ。子どもたちの暮らしの中にもコウノトリがいます。小学校の校庭に人工巣塔があるしね」

「うちの子の運動会にも必ずコウノトリが来ますもん。コウノトリも人間の活動に興味を持っているんですよ、きっと」と根岸さんが言った。ハハハ、と佐竹さんが笑った。

「あれはコウノトリから見たら、なんや俺のテリトリーにいっぱい集まりやがって、と思って来ているんでしょうけれどね。でもお互いに都合のいい見方をすればいいんですよ」

コウノトリの定着と有機農業

お互いに都合のいい見方をすればいい――この言葉にハッとした。日本語でよく言う「自然と共生する」というニュアンスは、これとは違う気がした。

「うまく言えないのですが、野生復帰させるというのは、絶滅危惧種を保護して増やして、というところからもう一歩ぐいっと進めた感じですね。コウノトリの場合、人間と暮らすわけだから。なぜそこまでしなくてはいけないのでしょうか」

「コウノトリは渡り鳥だから普通はまた帰っていきます。でも中にはハチゴロウみたいに、グループ交際が下手でおっちょこちょいなヤツが対馬海峡を渡っちゃう。これは遺伝子の先生がそう言うんでっせ。それで渡って来たヤツが越冬地の環境が良くて、帰るのが嫌やとうろうろする。それが結ばれて繁殖したら、親はもう移動しない。コウノトリはテリトリーのきつい、強烈な一夫一婦制だからね。ここの夫婦ももう14年目ですが、浮気も離婚もなく、自分たちで産んで育てて卒業させています。子どもは卒業したら親のテリトリーの外に出される。全国的にも同じです。だから豊岡は、ともかく彼らを定住させるために人工巣塔を建てて誘導しよう、という運動をしています」

「どうして定着させないといけないんですか」と、わたしは口を挟んだ。

「そうでないと、どこかからいきなり飛来してきて『ああコウノトリが来た!』と喜んでも、翌朝になったらもういないというのがほとんどですからね。コウノトリが定着しないと、有機農業と結び付けることができないんですよ。だからコウノトリを人工巣塔に誘導して繁殖させてシンボル化して、有機農業に結び付けるということを提唱しています。せっかく人工巣塔を建てても、コウノトリが帰っちゃうと、地域が有機農業に変わることはほとんどないね」

佐竹さんはそう言うとコーヒーをすすった。わたしは小さくうなった。佐竹さんは、コウノトリがやって来るその先の世界を見ているのだ。佐竹さんはさらに続ける。

自然と共生する意味

「農業は、風を見て、水を見て、土を見て、耕して、生きものの力を呼び込んで作物を作る。農業を持続可能にしようと思ったらやっぱり有機農業なんだけど、なかなか経済的に成り立たない。だからそこに巣塔を建てて、コウノトリをシンボルとして利用すればいい。そうすると田んぼにいろんな魚や鳥が来て植物が生えて、という生物多様性になる。でも、コウノトリも鳥のひとつじゃないかという人もいるんだけど、そういう考えやったら、一度絶滅させた社会の環境を元に戻すなんて、よっぽどでないとできませんよ」

わたしは「元に戻す」という表現に引っかかりを感じた。

「元に戻すという言い方だと、今まで人間ががんばってきたことを否定するようなニュアンスに聞こえますが？」

佐竹さんは一瞬、くっとこちらを見た。まずいことを言ったかもしれない。

「さっき『共生』という言葉を使った話をしましたが、最初の頃、『コウノトリの野生復帰はかつての共生社会を取り戻すんだ、環境を再生するんだ』という言い方をしていました。僕は後年になって、違うぞ、何を再生するんやと思ったんですね。もちろん昔の生き方や慣習でいいものもいっぱいあります。だから、ずっと守っていくものと、今風にどんどん変えないと次の展開ができないものと、両方あると思うんですね。だから最近はね、再生ってあんまり強く言わないようにしている…」

佐竹さんはちゃめっ気のある笑顔を見せた。根岸さんが言った。

「だから兵庫県は以前から、『環境創造型農業』と言っているんですよね」

そうか、と思った。保護とか守るとか取り戻すというのは、思考のベクトルが後ろ向きだ。佐竹さんと根岸さんの思考はそうではない、逆なのだ。コウノトリが住める環境を新しく作っていく。そこに価値があり、経済的にも成り立つようになっていく。

「コウノトリは豊岡であろうがどこだろうが、うまく暮らせたらいいんです。それより、日本ではコウノトリは影響力を持っていますから、活用して、文化や産業や生き方がうまくなるようにしたらええ、とすごく思います。うまく利用するんですよ」

佐竹さんは、ここが大事だからねという表情で言った。

野生復帰の先にあるもの

コウノトリは、IUCN（国際自然保護連合）のレッドリストで絶滅危惧（EN）に、日本では環境省のレッドリストで絶滅危惧IA類（CR）に入っている。人々の努力のかいがあって、前述したように日本には現在約260羽。すこしずつだが順調に増えている。

だが、佐竹さんは今の豊岡では、今後コウノトリが増えても難しい状況になってきていると認識している。コウノトリは縄張り意識が強く、しかも大食漢だからだ。

「これからの計画が難しい。いちばん危険なのが、こんなに増えたんだからもう野生復帰は成功したんじゃないか、と思うこと。自分らを守る治水と経済が最優先になると、コウノトリは邪魔になる。そういう考えからすれば、コウノトリがいると人間社会にとって都合が良いのかというと、そんなに良いことはないですよ。だから数が増えて落ち着いてくると、政治家も豊岡市も熱意が薄れてくる」

佐竹さんはそう言うと、今は僕らが唯一の過激派集団です、と笑った。わたしが「今がまさに分岐点ですね」というと、佐竹さんはそうですそうです、と言った。

「今で満足しちゃっている人が9割くらいになっていますからね。でも目指すものはこんなものじゃないぞと思っているんです。放鳥して16年。野生復帰のスパンで言ったら、たった16年です。百年単位でやらないと、人間の意識も環境も変わらないと思いますね」

日本では「農家が変わらなければならない」というが、佐竹さんはそういうことではないだろうと言うのだ。広く人々が、自律的に意識を変えていくこと、それが大事なのだ。

「日本は結果として共生になっただけなんです。農家が自ら共生しようとしたのは歴史上、豊岡が初めてです。つまり根岸さんたちね」

最後に、コメ関係者へコウノトリ目線からメッセージをお願いした。すると佐竹さんは「コウノトリ目線かぁ」と笑った。

「コウノトリに限ったことではなくて、『田んぼはコメの生産工場ではないよ』と言いたいですね。結果論だけど、コメはいろんな土や水や草を利用して育っているわけで、田んぼはコメだけでなく、いろんな生きものを産んで育てているところ。その代表選手がコウノトリということなんでしょうね」と、締めくくった。

わたしたちは有機農業の拡大や環境保護を考えるときに、決まり文句のように「人と自然の共生」という言葉を使う。けれどもそこには、正解とか完成というものはない。

これまで人類は自然環境の犠牲の上に経済発展を遂げてきた。このやり方がそろそろ限界に近づいていることは、世界中の人が気付き始めている。ではどうしたら経済を成り立たせながらやれるのか、誰も答えを持ち合わせていない。

ただ、佐竹さんの話はそこに大きなヒントをくれたと思う。人間と自然（生きもの）が互いに利用し合う関係を作っていくこと。そして日本には、田んぼという結果的に共生を育んできたものがあること。豊岡ではコウノトリの野生復帰をシンボルに、多くの市民を巻き込んで共に考え行動していく中で、経済を循環させる経済的な価値も創ろうとしている――。

コメの有機農業を広げるべき理由がひとつ、見つかった。そしてこれはわたしたちがお米を食べるべき理由へとつながりそうだ。

◆「コウノトリ育む農法」を牽引してきた農業者・根岸謙次さん

根岸謙次さんは「豊岡エコファーマーズ」という専業農家のグループの一員として、コウノトリとの共生を目指す有機農業に最初に取り組んだ生産者の一人だ。現在は法人化して㈱atきなしを経営している。大学で環境情報学を学び、卒業後は大阪の百貨店を経て地元メーカーに勤務。30歳のときに実家に戻り就農した。代々の農家だが、父親は慣行栽培をしていたため、根岸さんはほぼ一から手探り状態で、仲間と共に新しい農業に挑戦してきた。

豊岡エコファーマーズは国のエコファーマー認定を受け、２００４（平成16）年から本格始動した。メンバーは5人、いずれも勉強熱心で意欲に満ちあふれた人たちだ。最年長の北村さんは当時80代の大ベテランだった。５人は酒を酌み交わしては激論を交わし、互いの田んぼを見ては情報や意見を交わし、試行錯誤を共に続ける同志だった。就農して間もなかった根岸さんは、彼らから大いに学び、刺激を受けた。彼らの挑戦がデータとして蓄積され、現在の「コウノトリ育む農法」の確立へとつながった。

「コウノトリ育む農法」とは、兵庫県が豊岡市とＪＡたじまと連携して進める「おいしい農産物と多様な生きものを育み、コウノトリも住める豊かな文化、地域、環境づくりを目指すための農法」で、安全な農産物と生きものを同時に育む農法である（兵庫県のウェブサイトより）。水稲と大豆で展開されており、細かい栽培規定が設けられている。（以後、「育む農法」と呼ぶ。）「育む農法」で栽培されるコメは、「コウノトリ育むお米」としてブランド化されている。大まかにいうと、コウノトリの餌となる田んぼの生きものを増やす農法だ。農薬を削減し（無農薬タイプと減農薬タイプが設定されている）、栽培期間中は化学肥料を使わず有機肥料を使用する。水辺の生きもののために冬の田んぼに水を張り（冬季湛水）、田植え後は生きものが住めるように深水で管理し、オタマジャクシやイトミミズ・ユスリカなどが十分に育つように、中干し※を1か月近く延期するなどだ。

※中干し…夏に田んぼの水を抜いて、土を乾かす作業のこと。土の中の有毒ガスを抜いて酸素を補給し根腐れを防ぐ、過剰な生育を抑える、土を干して硬くして刈り取りなどの作業性を高めるなど、様々な目的がある。メタンガス軽減として注目されている一方で、水中の生きものが生きられなくなるため、生物多様性保全の観点からは問題も大きいという意見もある。

冬水田んぼと生きもの

根岸さんの圃場は豊岡市の中心街から車で10分ほど。円山川と支流の六方川、田結川の流れる六方田んぼと呼ばれる低湿地域にある。緩やかな山がぐるりと輪郭を描き、豊岡が盆地であることを思い起こさせる。コウノトリがよく見られる地域で、いわば豊岡市の穀倉地帯だ。ここで根岸さんは、約23ヘクタール（2021年度）でコシヒカリともち米、大豆を栽培している。全量が「育む農法」だ。無農薬タイプはコシヒカリの3ヘクタールと大豆、あとは減農薬タイプである。

わたしが訪れたのは、冬に向けての秋作業の時期だった。田んぼには黒々としたものがすき込まれている。

「これは地元の牧場から分けていただいている牛糞（ぎゅうふん）たい肥です。但馬牛を育てている牧場で、牛舎に杉やヒノキのおがくずを敷いて牛の健康に配慮しているんだそうです。これをこの時期にまいて、このあと水を入れます」

「冬水（ふゆみず）田んぼですね」

「そう。このたい肥が微生物の餌になり、冬の間にミミズなどの環形動物を増やしていきます」

田んぼの隣に畑が見える。「あれは？」と聞くと、大豆の畑だという。２年ごとに田んぼと循環させる。田んぼの一部を畑地化するのも、コウノトリのためらしい。

「田んぼと畑をモザイク状に配置することで、冬水田んぼで水を張ったときに、乾いた方へカエルやヘビが逃げてくれるんです。彼らは水の中では越冬できないのでね。いろんな生きものがいた方が、食物連鎖がうまく働くと思うんです。逆に、中干しするときは田んぼの魚が逃げられるように、近くに魚道が整備されています」

様々な生きものが暮らし、循環している様子を想像してみる。なんとにぎやかで楽しい田んぼだろう。しゃがんで土を触ってみた。ふかふかの土が夕方の湿気を帯びている。豊岡は山に囲まれた盆地でしかも湿地が多いため、秋から冬にかけて、朝方は前が見えないほどの深い霧に包まれる。

担い手不足と継承問題

カエルがぴょんと跳んだ。東京でごくたまに見るアマガエルよりもずっと大きい。そっと捕まえると、「写真撮りますか」と根岸さんが代わってくれた。土を触るがっしりした両手の中で、土色のカエルはしばらくおとなしくして、やがて田んぼへ帰っていった。

「僕らは普段目に見えない世界を相手にしています。目に見える世界が50％、目に見えない世界が50％。見えない世界というのは土の中の微生物や水だったりしますが、そういう目に見えない世界が見える世界を支えて循環しているのかなと」

見えない世界。わたしたちはどうしても見える部分に意識が行きがちだ。でもここに立つと、見えない世界をすこし感じることができる。人間は地上で偉そうにしているが、土台、自分たちだけでは生きていけないのだ。そろそろわたしたちはもうすこし謙虚に、共に暮らす方法を考える時ではないか…。

広い田んぼを風が抜け、大きく羽を広げたコウノトリが空を滑るように横切った。田んぼの向こうにある小学校の巣塔に帰るのだろうか。

「農業をやるというのは、いってみれば、環境保全とか国防にもつながってくるような意味のある仕事だと思うんです。だけど、ここら辺もみなさんお年を召してきましてね。数年前にうちの地区の後継者を数えたら、２０２５年を境に担い手がガクンと減るって気が付いたんです。２年前まで自分は８ヘクタールだったんですよ。それがもう20ヘクタールを超えてきて、消極的拡大ってやつですね。今日も朝、友人のお父ちゃんが来はって、だいぶがんばってみたけれど体がきつくなってきたから受けてもらえないだろうかと」

「それは断れませんね」

「はい、僕ががんばらないと、この地区で耕作放棄地が出てしまいますから。でもうちももうだいぶ厳しいです。お手伝いいただいている方たちも高齢化してきているので、その人たちが作業しやすくて、こちらも作業工程を管理できるようなシステムを、今年から導入しました。来年はもっとうまく回るといいんですけど」

根岸さんが道中こんなことを言っていた。自分を含め、「育む農法」をしている人たちは先代がたいがい慣行栽培なので、創業一代目みたいなもの。だから問題が起きてもどうしていいかわからない。試行錯誤の連続でそれは苦しいけれど、自分は、問題は解法を教えてくれるために現れる、必然みたいなものだと捉えていると。

農作業は基本的に孤独だ。自分からつながりを求めないと異業種はおろか、同業種の人と交流する機会もあまりない。コロナ禍でお酒の席がなくなってからはなおさらだろう。

根岸さんは「ご縁」という言葉をよく使う。困っていたらご縁があって助けてもらった、ご縁があって販路が拡大した、ご縁があって…。この言葉から、根岸さんが地元を大切にしている様子がうかがえる。「育む農法」の生産者だけでなく、豊岡の山や海に関わる様々な第一次産業の人たちと交流しているようだ。

「やったことがないことの連続なので、イマジネーションが大切やと思っているんです。自分がどの位置にいてどこに行きたいのか、自らはどこに行けばいいのかをよく考えます」

２０１８年の調査によると、「育む農法」に取り組む農家は、２００５年のコウノトリ初放鳥の年は17名に過ぎなかったのが、２０２０年には２９４人になり、栽培地域も豊岡市から周辺の朝来(あさご)市、養父(やぶ)市、新温泉町に拡大している。生産面積も２００５年は42ヘクタールだったのが、２０１９年には４７０ヘクタールになり、市内の水稲作付面積の20％近くになった。

しかし60代以上が8割を占め、担い手の高齢化と後継者不足が深刻な問題になりつつある。豊岡エコファーマーズももうすぐ結成20年。残念ながら二人のメンバーが鬼籍に入った。根岸さんも「コウノトリ育む農法」も、第二章に入ったのかもしれないと思った。

（2）朱鷺(とき)の佐渡へ

佐渡を案内してくれた服部謙次さんは、農業技術指導のスペシャリストだ。北海道大学大学院で生態学を専攻し、卒業後は北海道職員（普及職員）として14年間勤務。米どころの新潟で田んぼに関わる仕事がしたいと、２０１７年に新潟県職員（普及指導員）に転職した。初任地となった佐渡へ移住し、農家への技術指導に勤(いそ)しむ傍ら、ライフワークとして田んぼに生息する昆虫などの生きものを写真に撮り続け、自費で地域ごとに資料としてまとめ、発信してきた。

佐渡では里山に暮らし、棚田の保全活動にも積極的に携わる。農家や地域住民たちと田んぼの生きもの調査を行い、人々に生きものを通して水田の持つ意味を説く。すっかり佐渡の魅力に取り付かれた服部さんは、２０２２年に県の職員を辞め、現在は佐渡市役所の職員として有機農業の振興に携わっている。

「いやあ、わたしなんてただの虫好きなだけで、大したことないんですよ」と、いつも謙遜するが、端から見たらユニークな経験と視点を持つ貴重な人材だ。彼が見る佐渡の稲作を知りたいと思い、案内をお願いした。

わたしが佐渡を訪れたのは、２０２１年11月。豊岡訪問の後だ。

本州から佐渡へは新潟県の新潟港か直江津港から船に乗って行く。以前は飛行機も飛んでいたようだが、今は船だけだ。アクセスの悪さはデメリットではあるが、訪れる者にはそれがかえって特別な場所へ行くような高揚感をもたらす。

早朝６時、新潟港からカーフェリーに乗り込んだ。夜明け前の晩秋の海をフェリーは静かに滑り出す。新潟港から両津港までは67キロの航路。ジェットフォイルだと一時間程度だが、カーフェリーだと二時間半かかる。乗客の多くが船内で仮眠を取っていた。空が白み始め、すっかり明るくなった頃、甲板に出ると、青い海と空の向こうに島が見えてきた。

佐渡島はアルファベットのＳ字の形をしている。船の左側のデッキに立つと、島が二つ重なっているように見えた。奥にSの上半分の大佐渡の山、手前に下半分の小佐渡がちょうど重なって見えるのだ。ああ、佐渡だ！

デッキの手すりに止まるウミネコといっしょに両津港に入港すると、服部さんが待っていてくれた。はしゃぐわたしに、服部さんは少々面食らったような微笑を見せた。彼は大阪府で生まれ、奈良県の郊外で少年期の大半を過ごした。そう聞くと関西人気質なのかと思うが、基本的にシャイで物静かな人だ。でも虫の話となると冗舌になるから、根っからの虫好きらしい。

現在の佐渡は、おいしいお米を作る産地のひとつになった。が、そこに至るまでの道のりには、特別天然記念物のトキ（朱鷺）の野生復帰が深く関係している。我々はまず、佐渡市が運営管理する「トキの森公園」へと向かった。

◆トキガイド・品川三郎さん

服部さんは仕事柄、佐渡の地形を熟知している。佐渡って大きいですね、とわたしが言うと、服部さんは「そうなんですよ」と、運転しながら説明してくれた。

「佐渡は起伏に富んだ地形でしてね。けっこう高い山もあるんですよ。標高千メートルを超える離島といったら、日本には佐渡、利尻、屋久島の3つだけです（北方領土を除く）。佐渡で稲作ができるのは、そうした山からくる雪解け水のおかげといっても過言ではないと思います。ただ、山が多いと棚田が多くなるんですよね。島のほぼ中央、大佐渡山地と小佐渡山地の間に国中平野があって、佐渡のコメの多くがこの平野部で作られています。島外の人を連れて行くとたいてい、『なんだ、佐渡にこんなに広い平野があるのか』と驚かれますね」

国中平野の面積は１５０平方キロメートル。それがどれくらいか実感しにくいが、神奈川県の川崎市や大阪府の堺市がすっぽり入る大きさだといえば、すこしイメージしやすいだろうか。

トキはもともとは見晴らしのいい里山に生息していたのが、人間に追われて山奥へと逃げ込んだのではないかといわれている。トキもコウノトリと同じような状況にあったわけだ。絶滅から野生復帰して以後、今では国中平野の田んぼでよく見られるようになった。

「トキはきれいなんですけれど、どんくさい鳥なんです、飛ぶのもバタバタとしているし。だから昔は人間に簡単に捕まってしまったんじゃないですかね」

話しているうちに、トキの森公園に着いた。

トキの野生復帰の歴史

品川三郎さん（74）は佐渡市認定のベテランのトキガイドだ。胸には、トキ博士検定試験で満点合格した者だけに与えられるゴールドバッジが輝いている。このバッジを持っているのは品川さんを含めて３人しかいない。

品川さんの話に入る前に、佐渡におけるトキの野生復帰の歴史について簡単に触れておこう。トキの絶滅と復活は前に述べたコウノトリと似たような経緯をたどっている。佐渡のトキの共生の取り組みは、前に述べた豊岡市の取り組みをモデルに始まった。

トキは学名をニッポニアニッポンという。真っ白い体に鮮やかな緋色(ひいろ)の顔で、かなり目立つ風貌をしている。日の丸を思わせる色の組み合わせだ。くちばしは黒くて長く、後頭部にとさかのような冠羽を持つ。足は短めで赤い。羽の裏側は朱鷺色と呼ばれる、黄みがかったやわらかい桃色をしている。分類上、トキはペリカン目トキ科。豊岡で見たコウノトリはコウノトリ目コウノトリ科だからだいぶ違う。大きさもトキはコウノトリよりひとまわり小さい。

トキはかつて日本の各地にいたといわれているが、美しい羽を売るために乱獲された。さらに明治の頃からは、田植えしたばかりの田んぼに入り稲を踏み荒らす害鳥として嫌われるようになった。それでも昭和初期には１００羽前後生息していたのだが、戦後は土地開発で田んぼが減り、さらに農薬の使用により餌となる生きものが激減したことが影響し、あっという間に減少していった。

１９８１（昭和56）年には佐渡に5羽残るだけとなり、人工繁殖をすべくその5羽すべてが捕獲され、野生下では絶滅となった。繁殖はうまくいかず、１９９５（平成７）年に最後のトキ、雄のミドリが死亡し、日本種のトキは絶滅した。その後、１９９９年には関係者の努力が実り、中国から贈られたトキ（日本のトキとほぼ遺伝子が同じ）のペアで人工繁殖に成功した。70年代以降、トキの動静は新潟県民にとって最大の関心事で、新潟県では動きがあるたびに新聞やテレビで大きく報じられた。

２００8年には初のトキ試験放鳥が実現し、その後も継続的に放鳥が行われている。２０１２年には36年ぶりに野生のヒナが誕生し、巣立ちが確認された。２０２２年8月末時点で野生下のトキ個体数は５６９羽と推定されている。

品川さんは最初の放鳥以来、トキに関心を持ち観察を続けている。最も感動したのは、２０１２年に巣材を運ぶ自然界のトキを見たときだという。

「青い空に長い枝を加えて飛んでいくのを見たんですね。ああきれいだなぁと、カメラで撮影するのも忘れて見とれていました。これは伝えていかねばと思って、トキガイドになりました」

人間味あふれる鳥

品川さんに案内されて、広いトキの森公園を進む。トキふれあいプラザには大きな飼育ケージがあり、できる限り自然に近い環境でトキが飼育されている。来館者はガラス越しにその様子を見るのだが、トキからは見えないマジックミラーになっている。ちょうど餌やりの時間だったらしく、数羽のトキが小さな池に集まっていた。向こうはこちらの存在に気が付いていないから、ガラスにギリギリまで近づくトキもいる。それこそ手を伸ばせば触れられそうな距離だ。

ドーム型のケージには屋外の光がたっぷり注ぎ込む。空と草木と水の青い世界に、白い体に緋色の顔のトキが映える。こんなに目立つ姿では天敵のテンや猛禽(もうきん)類、人間に襲われやすいだろうと心配になった。

トキは浅い水たまりをつつきながら歩き回っている。くちばしの先まで神経があり、水中のドジョウを探っているのだ。何羽かのトキは捕まえたドジョウをくちばしの先に加えたまま、器用に何度も水に浸してブンブン振り回していた。

「洗って食べているんですか？」

「あれはね、トキは餌を丸飲みするので、生きものがバタバタしていると飲み込みにくいでしょう。だからしばらくいたぶって、弱らせてから食べているんです」

面白い鳥だ。わたしが見たトキは体が白かったが、実はこれは9月から12月までの4か月間の期間限定らしい。品川さんが説明した。

「繁殖期に入る1月頃から、首のところの皮膚が厚くなってそれが粉状にフケみたいになって剥がれるんですけれど、それが黒いんです。トキは自分の首やくちばしを使って、それを体に塗り付けてお化粧して『わたし赤ちゃんできますよ』とPRするんです。繁殖期が終わる頃から羽が徐々に生え替わって白くなります。親鳥は一年に一回、そうやって羽が生え替わります。今はカップルになる前の合コン時期で、お互いに格好とか相性とかを見ているんですね。いちばんきれいなときに見ていただけてラッキーでした」

わたしたちはトキふれあいプラザから資料展示館、観察回廊へと進んだ。最初は時間を忘れて見とれたトキも、いくつものケージを見て回るうちに、すこしずつ感動が薄れていく。人間とはほんとうに勝手なものだ。たいがいの来館者がそんな感じなのだろう、飽きないように絶妙なタイミングで、品川さんが面白い話をする。

「トキは非常に人間味がある鳥でね。11月か12月あたりから小枝渡しといって、オスがメスに小枝をプレゼントします。婚約指輪を渡すようなもので、それを受け取るとペアになる可能性があるんですね。ところがね、小枝をもらっても2、３週間たつと、別のオスといっしょに歩いているヤツがおったりするんですよ。結局、自然界ではメスの方が4対6くらいでオスよりずっと少ないんで、奪い合いになるんですね。カップルになっても別のオスがちょっかい出したりすると、『おい、俺の女に手を出すな』と怒るんですよ」

大笑いすると、品川さんは「言葉が下品で申し訳ないですけれど、わたしはこういう話し方しかできないんです」と笑った。

もちろん、面白話ばかりしているわけではない。佐渡が世界農業遺産（ジアス・GIAHS）に認定されていることを説明するコーナーでのことだ。品川さんは顔を曇らせて言った。

「佐渡は２０１１年に『トキと共生する佐渡の里山』というタイトルでジアスに認定されました。できるだけ忘れないようにしたいんですけれど、ややもするとね、高齢化が進んでいますしね、わたしはちょっと危機に瀕（ひん）していると思っているんです」

品川さんはただのトキ大好きおじさんではない。次に訪れる小倉（おぐら）千枚田で、それが明らかになる。

◆棚田・小倉千枚田を復活させた人々と品川三郎さん

日本の国土は平地が少なく山が多い。そのため古来より先人たちは、全国至るところで山の斜面を開墾し、わずかな土地でもお米を作ろうと棚田を作り、稲作をしてきた。山の水をひいて上段の田んぼから下段へと流し、イネは傾斜のおかげで太陽の光や風をたっぷりと浴びることができる。素晴らしい仕掛けだ。

また段々に広がる棚田は空と溶け合い、時に天空の田んぼのような幻想的な景色になる。そこに立てばきっと誰しもその美しさに感動し、この風景を失ってはいけないと思うだろう。しかし、棚田の稲作は非常に過酷だ。農家の高齢化と過疎化が進み、さらに米価下落や減反政策による耕作放棄地の増加で、棚田は全国的に消滅の危機にある。

そこで農林水産省では棚田地域振興法に基づく指定のほか、新たに「つなぐ棚田遺産～ふるさとの誇りを未来へ～」という認定制度を創設し、棚田地域の活性化や国民の理解と協力を図っている。この「つなぐ棚田遺産」には令和4年現在、全国271の棚田が選ばれている。中でも新潟県は全国1位の認定数で8市36地区が選定され、そのうち佐渡では7地域が選定されている。

佐渡で棚田が多い理由は歴史的な経緯にある。江戸時代、佐渡は13万石の一国天領（幕府の直轄領）だった。佐渡の水田はそれ以前と比べて、江戸時代初期の約百年間で約1・6倍に拡大、急激な新田開発が行われた。これは佐渡金銀山の経営と深く関わっている。特に佐渡金銀山が発展した17世紀初頭は、金銀山の中でも最も規模が大きかった相川に10万人ともいわれる人が集まり、米の需要が高まり米価が高騰した。それが農民の生産意欲を刺激し、小倉千枚田をはじめ佐渡島内の各地で棚田の開田が進んだ。

小倉千枚田は佐渡の風光明媚（めいび）な観光名所として知られる。でも、これはもともとあった姿ではない。江戸時代に、猫の額のような小さな田んぼが１２８枚作られた。その後も細々と開田が続き、最大で５ヘクタールになった。しかし、戦後は農家の高齢化と減反で次第に休耕田や荒廃田が増え、かつての姿は見る影もなくなったといわれている。

平成に入りこの地区に小倉ダムができたことも手伝い、２０００（平成12）年頃から千枚田の再生が模索される。そして２００７年に、小倉地区の住民とＮＰＯ法人で構成する「小倉千枚田復活事業支援協議会」が中心となり、県や市の協力を仰ぎながら復元させた。翌年には棚田オーナー制度が開始された。オーナー制度は佐渡市が募集運営し、日常の管理は小倉千枚田管理組合に委託されている。現在63区画、１・５ヘクタールほどで生産されている。文字通り人々の想いで復活させ、なんとか持続させている棚田なのである。

棚田を子どもに教える出前授業

さて、わたしたちはトキの森公園から、トキガイドの品川さんと小倉千枚田へ移動した。実は品川さんは小倉千枚田管理組合の役員で、案内をお願いしたのだ。運転をしながら、品川さんは説明を始める。

「小倉千枚田は今、何人くらいの方で管理しているんですか」

「だいたい12～13人くらいだと思います。オーナーさんが来られるのは、畦塗り・草刈り・田植え・稲刈りなど4つか5つくらいの作業の時ですね。来られない方もいますので、棚田サポーターという地元のボランティアの協力も得てやります。そのほかの作業、例えば水の見回り（水当番）は組合でやりますし、江※の掃除や畦切りなどの作業は地域の方もいっしょにやっています」

※江…田んぼに水を引き込み排水するための水路。栽培期間は常に水があるため生きものが暮らしやすく、近年では生物多様性の環境取り組みとしても注目されている。江の掃除は稲作の中でも必要不可欠な大事な作業で、地域住民が協力して行うことも多い。

田んぼでの農作業というと、消費者は田植えや稲刈りなどを思い浮かべる。それはいわば農作業のハイライトで、他にも欠かすことのできない地道な作業がたくさんある。そのため、棚田オーナー制度は全国各地で取り組みがなされているが、その運営や管理維持には行政と地域住民のサポートが欠かせない。

「わたしらはそういう作業だけでなく、地元の小学校に出前授業したりもするんですよ。そうすると子どもたちからは、『なんであんなところに田んぼを作ったんですか？』とか、『小倉千枚田に虫がいっぱいいてびっくりしました』などといろんな質問や感想が出るんですよ。千枚田の歴史の話をするとね、『なんで復活させたり守ったりするんですか？』という質問も来ます」

これはなかなかストレートで難しい質問だ。「なんて答えるのですか?」と聞くと、品川さんは簡単なことですよと言いたげな表情で答えた。

「これは先輩方の苦労と伝統文化だと思ってがんばっているんですよ、と話します」

でもどんなに品川さんたちががんばっても、子どもたちが、それを価値があると思わなければ、小倉千枚田の維持と継承は困難になる。そういう意味からも、子どもたちに出前授業や体験授業などで理解してもらう活動はとても大切だ。

棚田を維持する難しさ

車はくねくねと細い山道を登り、ようやく棚田に到着した。車を降りると、断崖絶壁のような急斜面一面に細長い田んぼがうねうねと張り付いていた。なんという迫力だろう。想像していたよりもはるかに大きくて急な斜面だ。作業をしている地元の人がちらほらといる。道路を挟んで反対側は崖で、棚田を背に空に飛び込むかのごとく視界が広がる。生い茂る木々の間から小倉ダムの湖が見下ろせた。棚田でうっかり転んだりでもしたら、ダム湖まで転げ落ちそうだ。

「すごいところですね！　これが全部田んぼだなんて。いやぁ、やっぱり写真とは違いますね。来てよかったです」

と興奮して言うと、品川さんが「それはそうですねぇ」と嬉しそうに言った。

「ここの海抜は一番上の田んぼが400メートル、一番下が350メートルくらい。傾斜は45

度くらいあって非常に勾配が急なんですね。あ、今あそこで作業していますね、わかりますか」
斜面の端の方、うねる田んぼの縁取り線の上に、まるで波乗りをしているみたいに作業してい
る人が見えた。棚田の真下、わたしたちが立っている道までは車が入るが、作業する人は崖のよ
うな斜面を上がっていかなければならない。農機具を使うときはそれを運び上げる。とんでもな
く大変な労働量だ。そして危険でもある。品川さんによると、危険な作業は慣れた地元の人たち
がやってくれているらしい。
棚田は長さも広さもまちまちだ。小さなミニ田んぼも多く、そういうところはすべて手作業と
なる。それでも棚田を復活させるときにある程度、田んぼをまとめたらしい。昔はこの辺りの山
すべてに点々と田んぼがあったという。とにかく平らなところをすこしでも見つけて開田したの
だろう。耕作していた人が亡くなると耕作放棄地となり、田んぼはヤブになって荒れていった。
今も管理されている棚田のすぐ脇や上にはヤブが残ったままだ。
何度も訪れているだろう服部さんも、あらためて見入っているようだった。
「棚田を石で作っているところはありますけれど、土でこんな急斜面を作っているところはな
いですからね。これはすごい技術ですね」
品川さんはそうなんですけれどね、とすこしさみしそうな顔をした。
「旅行会社さんなどから稲刈りや体験ツアーを企画したいとかいろんな話があるんですけれど、
入会権(いりあい)を持つ地元の人たちは『そんなめんどくさいことは嫌や』と言ってなかなかね、難しいん

です。わたしは『おみゃー、にぎやかになればいいがさ。たくさん人が来て、田んぼだって空きが少なくなりゃもっといいやさー』と話すんですよ。何もしなかったら限界集落になってしまうんでね」

「お金が流れれば違ってくると思うんですけれどね。ここら辺の者は実直なもんで、金もうけが下手なんです。佐渡の人はもうけることが悪いみたいな意識があるんですよねぇ」

と、服部さんが付け加えた。

棚田に立って見えたもの

わたしは話を聞きながら、目の前のこの恐ろしく急な棚田に登ってみたくなった。スカートをひらひらさせたおよそ農作業にふさわしくない格好を見て、品川さんと服部さんは心配になったのだろう。上ってもいいですけれど急ですよ、上がったら下りなくちゃなりませんからね、と何度も念押しされた。上り始めると、見た目以上に傾斜が厳しく、高層ビルの外壁の非常階段を上っているような気がしてきた。案の定、息が切れて中腹で断念。それでもわたしには十分だった。

稲刈りが終わって何もない田んぼに立つ。一枚が畳3畳分くらいの奥行きしかない。ほとんど水たまりのようなちっちゃな田んぼだ。空が近くて広い。思わず両手を伸ばして深呼吸する。とたんに転がり落ちそうになって慌てた。品川さんが「ここは45度以上ありますからね」と笑った。

小倉千枚田は山の沢水を利用している。品川さんによると水質が良く、日当たりも風通しもいいからおいしいお米が穫（と）れるが、収量が少ない。国中平野で1反（たん）（10アール）あたり9～10俵ほど穫れるのに対し、小倉千枚田では6・5～6・6俵だという。作業効率の低さもあるが、土壌の条件も関係しているようだ。棚田全体が均一な土壌なのではなく、上の方の田んぼは岩盤のため水がしみ込まず水持ちが悪く、下の方は逆に水はけが悪い。棚田は上から段々に水を流しているわけだが、ここは水だけでなく肥料分も流れていってしまうため、なおさら収量が低いらしい。

稲作は棚田に限らず、水管理が非常に重要だ。農家ではない一般消費者にはあまり知られていないが、ずっと水を入れっぱなしにしているのではない。気温や稲の生育状況に応じて、水をためる、水を抜くなど細かく調整をする。この水量の調整機能に着目し、近年、田んぼには水害を防ぐ役割があるといわれている。例えば、大雨のときには田んぼがため池の役割を果たす。特に棚田は自然のダムといわれ、水害や土砂崩れを防ぐ防災機能の点からも注目されている。そのためにも細かな田んぼの修復が不可欠で、この日行われていたのもその作業だった。

服部さんとしゃがみ込んで、足元の地表を手で軽くかきわけてみた。稲わらの下から、小さくて透明な生きものたちが驚いたようにカサコソと現れた。

「これはハシリグモの子どもですね。ああ、いっぱいいますね」

と、服部さんが解説してくれた。蜘蛛（くも）の子は太陽の光にキラキラと輝いていた。

風の通る音以外何もない地表と、その下のひっそりとにぎやかな世界のコントラストが奇妙で可笑しかった。わたしが見ている世界は、真実の世界のほんの表層に過ぎないのだ。自然の大きさとそれに挑む人為、そして放棄と再生の歴史。そんなことを思いながら、小倉千枚田を後にした。

◆岩首昇竜棚田と生きる平間勝利さん

翌日、服部さんはもう一か所、棚田に案内してくれた。わたしたちは小佐渡の東南部、つまり本州と向き合う海岸沿いにある岩首集落へと向かった。ここは棚田オーナー制度で維持する小倉千枚田と異なり、集落の人々が今も自分の耕作地として維持している棚田だ。服部さんはわたしに、生活に根差している生きた棚田を見せたかったのだと思う。

集落では平間勝利さんが迎えてくれた。江戸時代から代々、棚田でお米を作っている農家の人だ。がっしりとした大柄な人でにこりともしないが、誠実な人柄のように感じた。

海と溶け合う天空の棚田

平間さんの車で、棚田へ向かった。民家が寄り添うように並ぶ細い道を通って集落を抜け、木々が覆い被るような山の坂道をくねくねと上っていき、車を降りると、突然視界が開けた。棚田の周囲をぐるりと山が囲む。田植えの直前は田んぼに山や空が映り、夜になって月が上がるととても美しいそうだ。平間さんが遠くの山を指さして言った。

「ほら、ここから見ると田んぼが空に向かって連なって、天に昇る竜みたいでしょう。だから昇竜（しょうりゅう）棚田と呼ばれています。昔はね、見渡す限り、あっちにもこっちにもずーっと田んぼだったんですよ。今は機械が入らない田んぼや、後継者がいない家はやめていくんで、田んぼでなくなったところはヤブになって、杉だらけです」

わたしたちは車を置いて、棚田の間の細い坂道を歩いて展望小屋へ向かった。岩首は観光地ではないが、その美しさにひかれて写真を撮りにけっこう頻繁に人が訪れる。展望小屋はそうした来訪者や集落の人たちの休憩所であり、憩いの場になっている。

標高３５０メートルのここからの眺めは格別だ。山を背に立つと、スパーンと視界が抜けて青い世界が広がる。山が右手から背中を通り左手まで連なり、棚田を優しく抱く。真正面は、空の軽やかな天色（あまいろ）と海の深い紺碧（こんぺき）が溶け合う青の世界がほほ笑む。そこに緩やかな波模様を描く棚田が浮かぶ。田植えの頃は水面に山と月が映り、稲刈りの頃は金色に染まる。たいそう美しい光景だろう。

「なんて美しい…」思わず声に出すと、平間さんがそうでしょう、という顔をした。風がゆったりそよぐ。海風という感じがしない。

「ここはほとんど入り江になっているんで、風も穏やかです。春がいいですよ、新緑の時期はものすごくきれいです」

海の向こうにうっすらと本州が見えた。新潟市街地のあたりらしい。平間さんは信号機の色が変わるのが見えると言う。この日はすこし霞(かす)んでいて見えなかった。

わたしたちは展望小屋のベンチに腰掛け、平間さんが用意してくれたお昼をご馳走(ちそう)になった。竹皮で丁寧に包まれたずっしりした包みを開くと、大きな塩おむすびが2つ現れた。平間さんのお米で奥さんが握ってくれたのだ。竹皮は、服部さんの奥さんが集落の人たちと若竹の皮を摘んで加工したものらしい。平間さんが水筒から熱いお茶をいれてくれた。

天空の田んぼを眺めながら、おむすびにかぶりつく。吸った息を吐くのも、まばたきして目を閉じるのも、おむすびをかみしめ飲み込むのも、すべて躊躇(ちゅうちょ)したくなるほど一瞬一瞬がいとおしい。心の泉にゆっくり水が湧き、満ちていく。あまりにおいしくて、お代わりを所望してしまった。

「よかったです、おいしいと言ってもらえて。カミさんも喜びます」

と、平間さんが笑顔を見せた。

「俺が子どもの頃は見渡す限りずーっと、田んぼだったんですよ。でもあそこもここもやめちゃって田んぼを荒らしちゃった。ほんとだったら、できるならば、棚田を守るなら、そういうところも耕作してやっていければいいんだけれどさ。後継ぎがいなきゃ、やれないね」

伝統芸能が島の人々をつなぐ

「今、集落で田んぼをやっている人は何人くらいいるんですか？」

「そうだね、30軒あるかないか。若い人がいないからね。今はほとんど70代がやっているかな。でもうちは、息子が21歳になるんだけど、いっしょにやっているからね」

平間さんは嬉しそうな顔をした。集落にいたときよりずっと生き生きした顔をしている。

「それは素敵！　息子さんは佐渡から出なかったんですか？」

「高校を卒業してここを離れないでずっと佐渡にいます。小学生のときからコンバインを教えていましたから、もう10年以上のベテランだね。俺の年代の頃はみんな島から出ました。今の子たちは帰って来るねぇ」

わたしはかなり驚いた。佐渡の、特にこの岩首のような集落は都会に比べれば暮らし向きは楽ではないし、繁華街もない。若者にとって退屈なのではないか。なぜ今の若者は島に帰って来るのだろう？　聞くと、平間さんは即答した。

「鬼太鼓だね。少なくともうちの子どもは鬼太鼓をしたかったから。俺の姉もそうだけど、島の外に出た人も鬼太鼓のときにはみんな帰って来るんですよ。コロナ前は、島の外や外国からも人がたくさん見に来てましたね」

鬼太鼓は佐渡に古くから伝わる伝統芸能で、無病息災や五穀豊穣（ほうじょう）を祈る儀式だ。毎年祭りの時期に盛大に行われる。島内１００以上の地域で伝えられ、それぞれ鬼の姿や踊り方、リズムが異なり、いくつかの流派があるといわれている。岩首の鬼太鼓は9月、集落の熊野神社の秋の例大祭で行われる。面をかぶった赤と青の鬼が向き合い、太鼓と笛に合わせて激しく踊る（地元では鬼打ちという)。鬼の役は稽古の様子を見て、指導者から指名される。若者にとってこれに選ばれ、鬼を打つことは今も昔も大変名誉なことだという。

「俺は学生のときと仕事で5年間、新潟にいて23歳のときに帰ってきました。大学に行くときに、じいちゃんが大反対したんですよ。島の外へ出たらもう帰ってこないと。でも俺は鬼太鼓がしたいから、必ず帰って来るつもりだったし、親父(おやじ)もこの子は帰って来ると言ってくれた」

「当時は帰って来るというのは珍しかったんでしょうね」と、わたしは言った。

「珍しかったね。子どもが向こう、つまり新潟へ行けばその家はそれで終わりだとみんな思っていたからね」

「それに、若い者はもう出ていけという雰囲気も…」と、服部さんが言った。彼は岩首の集落の人たちと深く交流している。

「昔はそういう想いもあったと思うんですよね。こんなところに一生いても金にならないからさ。それでもうちらが子どもの頃は米を売ってなんとか生活できていたけれど、今は現金収入がないと生活できない。俺も平日は郵便局員だし、息子は土建屋で働いています」

服部さんが憤慨した様子で付け加える。

「国中(くになか)と違って、ここは農業専業では成り立たないです。だから兼業で土日にやるか、定年になった人です。70代80代も現役で田んぼをやっています。そういう人たちは自分の年金を投入してやっているっていうんだから、尋常じゃありませんよ」

服部さんは個人としての想いだけでなく、行政の職員として農業を指導する立場から、無念というか忸怩たるものがあるのかもしれない。平間さんがすこし早口で言った。

「だからね、ほんとのことを言うと、棚田を維持するというよりは、自分たちの財産を守るためだけにやっているようなものですよ。みんな、金もうけをするために百姓をやっているわけじゃない。俺もそうだけど、親から受け継いだ財産というか、資源を俺の代でなくしたくないな、というのがあるんでやっているだけで。だから結局、子どもが帰ってこなかったら家も守れないし、田んぼもダメになる」

切ない気持ちになった。小倉千枚田では観光客気分だったが、ここ岩首では厳しい現実を思わずにはいられない。ここに暮らす人たちにとって、田んぼを守っていくことは自らの生活や人生に直結することで、理想だけで守っていくことはできない。それを外の人が口先だけで、とやかく言うことは許されないだろう。

生きるということ

ひとつ、わたしが救われる気持ちになったことがある。それは平間さんが、厳しい現実を恨むとか、よその地域をうらやましがる、あるいは自分の人生を後悔するというようなそぶりは微塵も見せなかったことだ。それは鬼太鼓のおかげかもしれないし、棚田と山と海が好きだからかもしれないし、集落で醸成されてきた人々の生き方なのかもしれない。

「面白いなと思うのは、うちらが子どもの頃やっていたこと、例えば炭とか麦飯とか、今は贅沢（ぜいたく）だということだね」と平間さんが言うと、服部さんもうなずいた。

「集落の高齢の人たちは、『昔は貧しかったから自分たちで何でもやったんだ』と言うんですけれど、そういう人たちは今すごく元気だし、知恵も多いし、人生を謳歌（おうか）していますよね。すごくそう感じる」

今度は平間さんが大きくうなずいた。

「そうかもしれない。うちの明治生まれのじいちゃんも90歳まで毎日、歩いて山に行って自分で歩いて帰ってきましたね。そういうのをずっとうちらは見てきましたからね。田んぼに行くのだって、俺らが子どものときは当たり前だったから、今も普通に行く。たぶん息子にとってもそれが当たり前で。だから田んぼに行くのも、こういう暮らしも嫌じゃないんだよね。人のところまではできないけれど、家族三人でやればうちにはちょうどいいくらいなのかなと思う」

話は尽きないが、そろそろ風が冷たくなってきた。岩首昇竜棚田の特徴のひとつだ。東を向いた斜面のため、朝は真正面から太陽が昇り、ぐんぐん気温が上がる。午後になり次第に太陽が西に傾き、夕方には太陽は山の陰に回り、すとんと気温が下がる。

この昼夜の寒暖差が、平間さんのおむすびのおいしさを作る。それだけではない。平間さんや岩首の人々が淡々と積み重ねてきた日々と、その根底に脈々と受け継がれる「生きる強さ」みたいなものが、美味を生み出すのだろうと思った。

◆情熱を燃やし続ける農業者・齋藤真一郎さん

次に服部さんと共に向かったのは、国中平野にある㈲齋藤農園だ。代表取締役の齋藤真一郎さん（61）とは面識があるのだが、あらためて話を聞きたいと思っていた。

佐渡市は2007（平成19）年に「朱鷺（とき）と暮らす郷づくり認証制度」を立ち上げ、認証米をブランド化してきた。その認証制度の立ち上げと推奨に、佐渡市、JAと共に深く関わったのが齋藤さんだ。

認証制度導入のきっかけは、2004年の台風被害で佐渡米が深刻な販売不振に陥り、販売戦略の転換を迫られたことにある。当時、目前に迫っていたトキの野生復帰（試験放鳥）に目を向け、「トキとの共生を考えるコメ作り」で新しい価値の創出を目指そうと認証制度が作られた。

佐渡では既に環境保全型農業が行われつつあったが、より広く普及させるために、認証の要件を導入しやすいものにするなどの工夫がなされたといわれている。具体的には、農薬や化学肥料の5割以下削減や、水田の江（え）（用水路）の設置等の「生きものを育む農法」による栽培など、いくつかの要件のいずれかを行っていることが必要となる。実際、認証制度を機に、佐渡の稲作は慣行栽培から大きく転換した。現在ではほぼ全島で農薬と化学肥料の両方を5割削減する栽培（「5割減減」という）がなされ、ほとんどの農家が畦畔（けいはん）（あぜ）では除草剤を使用しない。

齋藤さんは認証導入より前の2001年に、「佐渡トキの田んぼを守る会」を発足させ、いち早く有機農業に取り組んできた。そのため農家側として認証制度の作成に関わり、また志ある農家たちと勉強会を続け、仲間と共にその技術と知識を認証制度の普及に役立ててきた。ユニークな人柄とあふれる情熱で、佐渡の環境保全型農業を牽引（けんいん）してきたといっても過言ではない。トキ認証米の活動には欠かせない人として知られ、様々なフォーラムや取材にも精力的に応じている。

こう書くとたいそうな重鎮に思われるが（実際、大した人物であることは間違いないが）、実際の齋藤さんはよくしゃべり、よく笑い、よくお酒を飲み、常に体を動かしているエネルギーのかたまりのような人だ。彼の周りにはいつも人が集まる。

果物の栽培と稲作の両輪の経営

わたしたちは齋藤農園が経営する「フルーツ&カフェさいとう」にお邪魔した。直売所小屋みたいなかわいい建物だ。ここの名物「いちごけずり」は地元民だけでなく観光客にも大人気で、佐渡観光で行くべきスポットとしてしばしば媒体に登場する。カフェは冬期休業中だったのだが、この日は特別に開けてくれた。

齋藤さんはわたしたちを室内へ招き入れると、さっとカーテンを開け、何やらいそいそとキッチンで作業を始めた。

「はい、どうぞ。お待ちかねのいちごけずりです」

目の前に出されたのは、うわぁと歓声を上げてしまうほどのキラキラしたかき氷だ。いや、氷ではない。齋藤農園で栽培されているイチゴ（越後姫）を凍らせて削っているから、100％イチゴなのだ。そこに練乳がかかっている。これはイチゴ好きにはたまらない。ひとしきり写真を撮ってから、スプーンですくい口に運ぶ。晩秋だけど、口の中は春爛漫（らんまん）。イチゴが弾ける。無邪気にはしゃぐわたしに、齋藤さんが笑った。夢中で食べ終え、ようやく取材に取り掛かった。

まず齋藤農園の概要を聞いた。水稲と大豆、果物を栽培している。果物はおけさ柿（干し柿・あんぽ柿）、ネクタリン、桃、リンゴ、イチゴ、ブドウ、レモンと多岐にわたる。果物は直売のほか贈答用が大きい。齋藤さんによると佐渡はまだ贈答文化が残っていて、島内だけでなく佐渡から外へ送るらしい。

齋藤農園の売り上げは7千万円を超えるが、そのうち稲は3千万円くらいだという。果物の売り上げが経営を支えている様子がうかがえる。

水稲の作付面積は、2022年度は前年度よりだいぶ拡大して40ヘクタールになった。佐渡市の除草機助成事業を活用して除草機を増やしたので、無農薬の栽培面積をかなり広げた。無農薬栽培は草との闘いになるから、齋藤さん的にもこの拡大はチャレンジになるようだ。水稲も多品種を栽培しており、コシヒカリのほか、低アミロース米や早生品種、数種類の酒米を作る。ホールクロップサイレージ用稲※も栽培している。

※ホールクロップサイレージ用稲…稲発酵粗飼料（Whole Crop Silage / WCS）用の稲。稲の穂と茎葉をまるごと青刈りして、乳酸発酵させた牛の飼料のこと。ＪＡ佐渡では、２０１７年から大型和牛の繁殖を支援し、畜産の振興にも力を入れている。WCS 用稲はそのための地域で生産される飼料として、主食用稲から転作して栽培されている。稲が青いうちに刈るので、稲作農家にとっては主食用米の収穫時期と重ならず労働を分散できる。国も水田の有効活用や飼料自給率の向上、稲作農家の所得安定対策の戦略作物として推進している。

トキとの共生と除草

齋藤さんは国中平野で生まれ育った。農家の４代目だ。佐渡の農業高校を出た後、新潟にある現・新潟県農業大学校の前身にあたる農業技術大学校を卒業。佐渡に帰ってきて農協（ＪＡ）に入り、営農指導員として14年間勤務した。１９９７（平成９）年にＪＡを辞めて就農した。ＪＡでの経験はずいぶん役に立っているという。

前述したように、齋藤さんは２００１年に「佐渡トキの田んぼを守る会」を発足させ、有機栽培に取り組んできた。自然栽培にも早くから取り組み、２０１７年にはＪＡ佐渡自然栽培研究会の発足に尽力した。自然栽培とは、農薬も肥料も使わないで作物を栽培する方法だ（不耕起や不除草を加える立場もある）。江戸時代の農法にヒントを得ているとされ、80年以上前から行われている。近年、環境保全型農業の広まりとともに注目されつつある。

佐渡に限ったことではないが、最近の若い就農者たちは有機栽培や自然栽培に興味を持つ人が多い。新規就農者へのアドバイスをお願いすると、齋藤さんは即答した。

「ひたすら除草機を回しなさい、と言うかな」
「それが大変なんですよ。みんな大変過ぎて死にますからね」
と、服部さんは苦笑いした。齋藤さんが除草剤不使用推進派なのは有名だ。それはトキのことを考えてのことだ。

佐渡ではトキの野生復帰と並行して減農薬化が進められた。コウノトリと異なり、トキは稲が大きくなると田んぼの中に入らない（コウノトリは大きい鳥だが、トキはひとまわり小さい）。そこで夏のトキの餌のために、畦(あぜ)に除草剤をまかないことが推奨された。そうすることで畦や江にミミズやイナゴ、カエル、バッタなどたくさんの生きものが増える。トキを増やすには、田んぼの周辺全部を餌場にする取り組みが必要なのだ。佐渡の大半の農家が畦畔に除草剤を使わないのは、こうした経緯がある。

服部さんも基本的には同じ考えだ。ただ稲作経営の視点では、除草剤のメリット、すなわちコメの収量や品質を確保することや、作業の省力化（草刈りは高齢の農家には負担が大きい）なども大切なことだ。でも服部さんがそう説いても、齋藤さんは意に介さない。

「有機は除草をうまくやれば収量はそこそこだけど、除草が大変なんだよな。いい除草機は高いしね。自然栽培は有機と比べて意外と収量はそんなに落ちないし、肥料代や農薬代がかからない。農協は自然栽培を高い値段で買い上げてくれる。となれば俺は、自然栽培はいいと思うけれどね。ただ除草機を回す労力だけ。それは必要だな。みんな除草機を回すのが嫌なんですよ。俺も朝起きて、『今日は除草機回すぞー』と気合を高めてからやるからな。除草機ダイエットだね。若い人は音楽でも聞きながら、筋肉トレーニングだと思ってやればいいんだよ」

楽しそうに言う齋藤さんに、服部さんが「いやいや大変ですよ、筋肉がパンパンになりますから」と、笑いながら反論する。

話を聞いていると、どうやら二人の間にはいくつかのポイントで「対立」があるらしい。でも佐渡をより良くしたいという強い想いは同じだ。その上で、意見をぶつけあう風通しの良さがある。見ていて楽しい関係だ。齋藤さんが続ける。

「自然栽培はやっぱり一歩一歩やっていくことが基本だと思うね。ほら、上杉鷹山（ようざん）の名言があるでしょう、『為せば成る、為さねば成らぬ何事も、成らぬは人の為さぬなりけり』って。やろうという執念だな。特に土作りは十年二十年単位で考えないと。諦めたら自然栽培はダメだな」

執念か。大事なことだが、それだけでは乗り越えられないことも多々あるだろう。わたしはあえて、おおざっぱな質問をした。

離島の弱みを強みに

「佐渡で農業をしていく上で、いちばん大事なものは何ですか」

「そうだなぁ、作業はやれば覚えられるから、やっぱり人脈だよな。俺が30代の頃は、年長のおっさんたちと酒を飲んで話す機会がよくあったけどな。今はあんまりそういうのがないんだよ。

俺たちが若い人たちと話ができる場がもっと必要だと思う。それと佐渡は島だから、生産者にとっては直販しにくいんだよ。運賃がかかるからな。直販やっている連中もいるけれど、大きい法人でも年間の運賃代が一千万円近くかかるというんだよ。だったら、そこは販売も含めて農協に任せて、生産者は収量を上げるとか付加価値の高いものづくりに力を入れていった方が、佐渡の生産者にとってはいいかもわからん。島だから、生産者と農協がお互いつながりながら、団結しながらやっていくのがやりやすいと思うね」

「なるほど、島だからこそ協力していくことが大事なのかもしれないですね。齋藤さんやその他の方のお話を聞くと、みんな自分自身の利益というより、佐渡を良くしたいという気持ちがとても強いなと思いました」

齋藤さんも服部さんも大きくうなずいた。齋藤さんが続ける。

「それはやっぱりね、トキが出てきたからだと思うよ。初放鳥の2008年以降はトキがみんなをひとつに導いた、という感じかな。まあそうしなきゃ、佐渡も生き残っていけんかったと思うけどさ。あとは佐渡市の合併やジアスの認定も大きかったね」

「若い人にもその心は伝わっていますかね?」

「そこがな、これから問題だわな。最初の野生復帰が始まったときの想いは、若い人たちはわからんからな。トキがいることがもう普通の世界になっている。やっぱりひとつの生きものがいなくなるというのが、俺たちは実感としてどういうことかわかるけれど、今の若い人たちは見ていないからな。だからそれをどう伝えていくか。若い人たちは彼らなりに別の価値観を求めているから、トキの代わりのものをどう見つけるか…」

この言葉に正直、わたしは大変驚いた。佐渡といえばトキ。これからもトキを中心にしていくのだろうと思い込んでいたからだ。

「２０２２年度から、佐渡市が無農薬プロジェクトという取り組みを始めるんですけれどね、まず学校給食に卸すとかね。公共的な利益の部分が見えてきて、それに賛同する方々が出てきて、そういう旗の下に人々が集まるという可能性はあると思う。それによって今度はトキじゃなくて、『佐渡のお米』の価値を広めていこうという共通意識が出てくれば、佐渡はまだまだ可能性はあるよね」

「トキの次、佐渡の第２ステージですね！」

「そう、トキから佐渡の第２ステージ、地域振興。たぶん若い人たちもそこなんだろうと思うんだよね、自分の力で佐渡をどう良くしていくかということだな」

わたしは興奮して、「いいですね！」とほとんど叫んでいた。齋藤さんは「そうだろ？」と笑うと、カフェのキッチンへと消えた。

未来への希望と期待

すこしすると、齋藤さんはアップルパイと熱いコーヒーをお盆にのせてキッチンから出てきた。

アップルパイの断面は、分厚いリンゴのスライスが地層のように幾重にも積み重なり、べっこう色に輝いている。頬張ると爽やかなリンゴの風味が口いっぱいに広がった。スパイスなしで甘さ控えめ、リンゴ農家によるリンゴ好きのためのリンゴパイ。

「わたし、アップルパイ大好きなんですけれど、こんなにおいしいのは食べたことがないです！」

「あはは、それはよかった。生産者じゃないと、こんなにリンゴを入れられません」

おいしいものはあっという間になくなる。わたしは最後の一口を食べ、未練がましく皿にこびりついたかけらをフォークでこすりとった。

「最後の質問です。十年後のご自身はどうなっていますか？」

「何やっているかな。今ある品目をしっかり作って、あとはもうすこし観光農園に力を入れたいね。水稲はまだ面積が増えていくかな。集落の田んぼだけは引き受けていこうかなと思っておるんでね。夢は佐渡に若い移住者が増えて、農業を受け継いでいってくれる人が増えること。十年後はそんなふうになりたいね」

齋藤さんがそう答えると、服部さんがうなずいて言い添えた。

「佐渡の農家はすごく素朴で純粋な人が多い。佐渡は人が資源だと思います。ただ、みんなシャイなんですよ」

「そうなんだよ」と、齋藤さんの声が一段と大きくなった。「シャイなんだよ、人前に出たくないんだよ。酒が入ると心優しいけどな。トキは佐渡の人々と同じなんだよ。でも最近は図太いトキも出てきたけどね。それはこれからの若い人だ、ニュー佐渡人だな」

一同が大笑いして取材が終わった。齋藤さんたちベテラン佐渡人とニュー佐渡人が作る未来はどうなっているだろう。案外、楽しい世界かもしれないと想像しながら齋藤農園を離れた。

◆チャレンジを恐れない農協、ＪＡ佐渡

前述したように「朱鷺(とき)と暮らす郷」認証制度の取り組みは佐渡市と農協、生産者の三者がタッグを組むことで進められてきた。ＪＡ佐渡は、特徴のある農業として市場に売り込むべく、「環境にやさしい佐渡米づくり」を目指してきた。これには特筆すべき大きな一歩があった。

それは２０１２（平成24）年から、ＪＡが取り扱う佐渡産コシヒカリの要件に、農薬と化学肥料の両方の５割削減（５割減減）を課したことだ。これにより佐渡全体で、環境保全型農業がスタンダード化したといわれている。今では佐渡のコシヒカリのほぼ全量が５割減減になっている。

この先、農協として何を目指していくのか。ＪＡ佐渡の営農事業部部長、渡部学さん（52）に話を聞いた。（※渡部さんは２０２２年４月に異動。）

環境に配慮した稲作

まず、ＪＡとして今後、佐渡産米の何をアピールするかを質問した。

「今までは、『佐渡のコシヒカリは新潟のコシヒカリに比べると、すこしあっさりして甘みがあっておいしいですよ』と言ってきました。でも、つや姫やゆめぴりかと比べてどうかと言われると、ちょっと困るんですよね。食味だけで佐渡をアピールするのが難しくなっていたので、2006（平成18）年頃からは消費者の方には、『トキがいるので農薬や化学肥料を減らして、環境に配慮した作り方をしているんですよ』と言っています」

「そうですね。お米がおいしいのは当たり前の時代になりました。佐渡はみんなが気が付く前から、環境のことをずっとやってきましたよね」

そうなんです、と渡部さんはうなずいた。

「ずっとトキを象徴として環境のことを言い続けてきましたが、正直なところ、ここ数年すこし行き詰まりを感じていたんですね。そこへSDGsの流れが来て、農林水産省からは2050年までに有機農業の耕作面積を25％に増やそうという『みどりの食料システム戦略』（後述第3章）が出てきた。ああ、これまでずっと言ってきたことをはっきり言ってもいい時代がやっと来たんだな、今言わなきゃいけないんだなと思いました。それで、佐渡もSDGsという言葉を使おうかという話になったときに、『もうずっとやっているよね、今さら言うの？』という空気があり、ちょっとタイミングを逸した感がありまして…」

「うーん、気持ち的にはみなさん、そうなりますよね」

「もともと佐渡はコシヒカリだけは5割減減の栽培になっているんです。それは、みんなでやらないと意味がないよねということで、みんながやれる方法を考えてここまで来ました。ですので、次はみんなではなく一部でもいいから、自然栽培やもっと意識した環境保全という取り組みを、佐渡としてやっていこうと市長と話しているところです。おそらく、小学生以下の世代に無農薬米や自然栽培のお米を食べさせるということを、佐渡は発信していくことになると思います」

「発信は大事ですよね」

「先日も取材に来た方から、『こんなにやっているのに、なんで今まで言ってこなかったんですか？　他の農協や地域にも、こうやってやれよと、どうして言わないんですか』と言われましてね。いやぁ、そんなことを考えたこともなかったので、『島の中で僕たちだからできたことをやってきただけなんで』と答えましたが、やっぱり発信していくことも農協としての務めなのかなぁと思っています」

「特に一般の消費者の方には、佐渡の素晴らしい取り組みのことは、まだまだ伝わっていないかもしれませんね」

と、わたしが言うと、渡部さんは「おっしゃる通りです」と言って続けた。

「やっぱりお米というと消費者の方は、まず新潟を思い浮かべると思うんです。あとトップブランドとして魚沼。佐渡はあまり知られていなくて、『佐渡ってお米が穫れるの？』とか、『お米のイメージじゃないよね』などと言われることもしばしばありますし、そもそも佐渡が新潟県だということさえ知らない方がいます。やっぱり佐渡の認知度を上げて、佐渡のお米作りを含めて、佐渡の農業者がモチベーションを上げてやっていけるよう、つなげていかないといけないないなと思っていまして…」

口調は穏やかだが、いろいろ口惜しい経験をしてきたのかなと思った。

農家と農協の関係

「ところで、佐渡は農協と農家の関係がいいですよね」と言うと、渡部さんは嬉しそうな顔をした。

「そうですね、バイタリティある農家の方が大勢います。その方たちの話は農協としてもためになるし、将来的なことを踏まえても、これは佐渡全体でもプラスだよねと思うんですよね。ですので、そうした農家の方たちが学んできたことをわたしたちも学んで、いっしょに組み立ててきたというのがこの15年間でした。あとは農協としてのリーダーシップというとおこがましいですけれど、それを全体に広げるのがやっぱり農協の役割かなと思います。農業経営以上の部分で、佐渡の農業をこうやっていきましょうという話ができる農協職員にならないとな、と思っています」

「なんて素晴らしい!」とわたしが感動すると、渡部さんは「いや、今できているわけじゃなくて、目指しているところです」と、恥ずかしそうに笑った。

前から疑問に思っていたのだが、農協としては5割減減など環境にやさしい農業を進めれば、農薬や化学肥料の販売収入は期待できなくなる。そこはいいのだろうか。

「実はこの提案をしたときに、真っ先に怒ったのは農家なんですよ。『お前らはそんな提案を農家にするのか、農薬が売れなくなってもいいのか』って。たしかに農協的には、農薬の売り上げはものすごく減りました」

「どうやって乗り越えたんですか？」

「乗り越えていないです、ハハハ。正直なところ、ほんとに厳しいです。ただ、まずは農家の人たちがきちんと生計を立てていける経営をしていただけるように進めばいいのかなと。こんなことを言うと、うちの役員が怒るかもしれないですが」

渡部さんは笑い話のように言うが、おそらくここは額面通りに受け止めてはいけないだろう。でも、農家が付加価値のある商品を作って元気になることが、長い目で見れば農協の利益につながる。

農協が持つべき長期的視点

「4年くらい前に自然栽培に手を出したときは、もっと悪くてですね」と、渡部さんが続けた。

齋藤真一郎さんたちがJA内で立ち上げた自然栽培研究会のことだ。

「あれは農薬どころか、有機質肥料すら使わないんですよ。だからうちからはモノが何も売れないんです。でも、それに取り組むことで農家としてのやりがいは上がりますし、自然栽培でできたお米を買ってくれる人たちとのつながりも密になる。農協としてはそういう選択肢もあるかな、と思っています。高齢化が進んで厳しい、とばかり言っている場合じゃないなと思っていまして」

「なるほど。佐渡の認知度が上がって、佐渡がやってきたことがもっと知られるようになると、佐渡で農業をしたいという人も増えるかもしれませんよね」

渡部さんがほんのすこし、身を乗り出したように見えた。

「実際にそういう問い合わせも来ます。ただ、就農には農業機械や土地など難しいことがいろいろあります。それで農協として、『まず農協職員になったらいかがですか』という制度を2021年度から始めました。3年間、農協職員として給料をもらいながら働いて、農業に必要ないろんな資格を取ったり、研修という名目で自分の行きたい集落や法人に行って勉強する。職員なので社会保険も付きます。それで3年たったら、独立するのか、もうすこし農協にいて勉強するのかを決められるという形になっています。この取り組みが、地域の農業を継いでいくことにつながるといいなと思っています。今、実際に3人、取り組んでいらっしゃいます」

「偉大な一歩になりそうじゃないですか!」

「ほんと、そうなんです、農業をしたい人に、もうぜひ来てほしいんです。島の若い子たちも、島には高校までしかないので、大学進学や就職でいったん島の外に出ても、いずれ帰って来て農業をする――そうなってほしいです。でもまだスタートしたところなのでどうなることか。うまくいったらもっと宣伝できるんですけれど…」

いやいや、そんなこと言わずに、とわたしは笑ってしまった。控えめというか謙虚というか。でもそこが佐渡らしい、愛すべきところなのかもしれない。

「では最後の質問です。５年後のＪＡ佐渡の在り方は？」

「今、佐渡ではお米の農家は毎年１５０人ずつくらい減っています。すこし前には農家は４千人いたんですけれど、今は２６００人なんですよ。この調子でいくと5年後には2千人を切ってしまうかもしれない。ただ、そうなったとしても、理想としては田んぼの面積だけは減らないでほしいなと思います。水田はコメを作る以外の機能もありますので、水田は水田として残ってほしいという想いがあるんです。でもじゃあ5年後にどれくらい田んぼが維持されているかというと、すごく悲しい見方をすれば、おそらく1割は減ります。それをなんとか数パーセント減くらいに抑えたい。そしてその頃でも、棚田とか『はざかけ』※が残ってほしい。わたしたちも特徴のあるお米として、農家の想いを伝えられるような売り方をしていきたいなと思います」

※はざかけ（はぜかけ）…木の棒を組んだ支柱を立てて竹ざおのような長い棒を渡した「はざ」に、刈った稲の束を掛けて、天日乾燥する昔ながらの方法。穂先を下にして干すことで、わらの栄養分が米粒に行き渡るといわれている。

取材を終えて、わたしはとても明るい気持ちになった。と同時に、大いに自分自身を反省した。というのも昨今、農協といえばひどく保守的で、既得権益のかたまりであるかのような報道が目立つ。わたし自身も無意識のうちに、ある種のフィルターを通した偏った見方をしていたと、JA佐渡の話を聞いて気が付いたからだ。若い農業者もそうしたイメージを持つ人が少なくないから、自ら直販したり、農協を通さず他の産地直送企業と取引するなど、農協と距離を置く傾向があるのだろう。

農協という大きな組織に負の側面があることは、様々な情報からも否めない。ただミクロで見た場合、現状に安住することなく、時代に即した在り方を模索する地域の農協も少なくない。自ら変化していくというのは、どんな組織にとっても（誰にとっても）たやすいことではない。「だから農協はダメなんだ」と批判するのは簡単だ。でも批判するだけでは、何も変わらないのではないだろうか。

ＪＡたじまの挑戦

今回はＪＡ佐渡を取り上げたが、ＪＡたじまも「コウノトリ育む農法」のブランド化と普及に大きな役割を果たしている。

営農生産部の住吉良太さんによると、ＪＡたじまは関東圏へ直販米の販路を拡大するだけでなく、輸出にも積極的に取り組んでいる（令和３年度の実績として、輸出は８か国・地域に及ぶ）。

設備投資も積極的に行っている。減農薬・無農薬など多様なコメを分けて処理すべく、２０１５年に大型の穀類共同乾燥調製貯蔵施設「こうのとりカントリーエレベーター」を建設した。大小の貯蔵タンクを併設しコメを区分して処理できる施設として、当時、西日本最大級だった。

また、令和３年度産米は全国的に米価が下がり、農協の買取価格も下がったところが多いのだが、ＪＡたじまでは認証米の買取価格を上げて、生産者を後押しした。これは異例のことで、農協としては強い想いがあったことがうかがえる。


二つのＪＡへの取材から、地域の農業が活性化するためには、やはり農協の果たす役割が大きいことがわかる。とはいえ、現実は理想通りにはいかない。実際のところ、ＪＡ佐渡もＪＡたじまもコメの販売でかなり苦戦している。コメの需要が減り続け、農業者は高齢化が進み、食味優良なブランド米が乱立するという困難な時代にあって、農協が生き残るために何が必要か――。

答えは簡単には見つからないだろう。ただひとつ、わたしが確信を持って言えることは、「変化なくしては、希望ある未来へ舵（かじ）を切ることはできない」ということだ。

現場の担当者だけでなく、組織として大きな未来図をイメージできるかどうか。両ＪＡの今後に大いに期待したい。

◆「トキからヒトへ」環境保全の先の世界を目指す地方自治体、佐渡市

この本のための取材がほぼ終了したある日、興味深いニュースが飛び込んできた。佐渡市が市立の小中学校の給食で一か月間、無農薬・無化学肥料栽培の佐渡産コシヒカリを提供する、というものだ。わたしにとって、佐渡の取材で複数の人たちから断片的に聞いていた話が、ようやくつながった瞬間だった。佐渡では初めての試みだ。全国的に見ても、行政単位で無農薬無化学肥料の「お米」を給食に提供しているのは、千葉県いすみ市くらいだ（いすみ市の取り組みは第5章後述）。早速、佐渡市農林水産部農業政策課・課長補佐の中村長生（ながお）さん（44）に追加取材を行った。

佐渡市の新たな挑戦

「佐渡市は既に2009（平成21）年から、佐渡市の認証米『朱鷺（とき）と暮らす郷』佐渡産コシヒカリを、市内すべての小中学校の給食に導入してきましたよね。今回はもう一歩進めて、無農薬・無化学肥料栽培のお米の試験導入とのことですが、提供するのはどれくらいの量になりますか」と聞くと、中村さんがメモを確認しながら答えた。

「給食用の認証米は年間で、小中学校で45トンと保育園で5トン。つまり佐渡全体で50トン必要です。今回は1か月間だけなので、6トンくらい供給しました。具体的には小学校が22校で2157人、中学校が13校1050人。小中学校あわせて約3千人と教職員に提供しています」

意外と子どもが多いなと思ったが、佐渡市の総人口が約５万人だからそうでもない。中村さんは、年間出生人数が３００人を切っており、かなり厳しいという。

今後の目標について聞いた。

「目標は毎日、通年提供することです。計算上は50トンになるんですが、これは目標を達成できそうです」

「えっ、それは無農薬・無化学肥料米の生産者がそれなりに多いということですか？」

「そうですね、今、無農薬無化学肥料の圃場は48ヘクタールあり、計算すると１６０トンくらいは既に生産量としてあるんですね。ただこれは、農協に出荷していない個人販売向けなど売り先が決まっているものです。今回は期間限定の６トンだったので、年明けくらいから農協と調整してなんとか出すことができましたが、本格的に軌道に乗せるためには、学校給食用に新たに50トン分を創出しなければなりません。面積にすると15ヘクタールくらいを今から上積みするのが短期的な目標です。今年の作付けを見ると、55ヘクタールになっていました。７ヘクタール増えたわけですが、これは情報を聞きつけて拡大してくれた、あるいは新たに取り組んでくれた農家さんたちがいたからなんですね」

「何か特別なことをしたのですか」

「佐渡市はけっこう早い段階から、乗用の除草機（水田の中の草取りをする機械）を支援しますよとアナウンスしたので、それならば省力化できるだろうともくろんだ農家さんが拡大してくれたみたいです。ただ、7ヘクタールしか増えていないのでまだまだ足りない。今回だいぶがんばって除草機を入れたので、次年度はもうすこし増えると期待しています。2年か3年先に、目標の15ヘクタール・50トンが出てくればいいなと思っています」

佐渡市の水田用の乗用除草機の導入支援制度は2021年度から設けられ、上限30万円で購入費用の半分を補助する。もちろん施策はこれだけではない。

生産者とJAの協力

有機給食の導入には、欧州その他の例を見ても、行政が有機農産物を慣行栽培よりも高い値段で買い上げるという「公共調達政策」が欠かせない。これはいすみ市も行っている。佐渡市の場合、そのあたりのスキームは認証米で既に確立しているので、あとは価格の問題だ。中村さんは今回の実証で出てきた課題として、今の価格だと持続させるのはなかなか厳しいという。

「学校給食は保護者の方に給食費を負担していただいているので、あまり極端に値上げできないという事情もあるんですね。認証米のときは、一般米との差額は、農協と佐渡市で折半する形で補塡しています。農協は農家さんが拠出している基金を使うので、実質的には佐渡市と農家さんが学校給食を支えているという形になっています」

「佐渡の農協も積極的にコミットしているみたいですね」

「そうですね、いろいろチャレンジしてくれる農協さんなのでありがたいなと思っています。

今回、給食に出しているお米は無農薬と言っていますが、８～９割は自然栽培で、ほんとに農薬も肥料も何も入れないで栽培したお米なんです。ＪＡ佐渡が自然栽培研究会を持っているからできたのですが、そういうのも珍しいかなと思います」

今回のプロジェクトは、前年の春先に市長が中心となって始動し、約一年かけて準備をしてきたという。試験導入が６月になったのには何か理由があるのだろうか。

「６月くらいにやらないと、農家向けのＰＲとして次の作付けに間に合わないんです。田植えが終わって間もない時期ですが、農家さんは次の種もみの注文や圃場計画の検討など令和５年産の作付（さくつけ）準備に入っていきます。このタイミングで仕掛けることで佐渡市の方向性を示して、栽培の面でも支援するというのを農家さんにしっかりＰＲできたと思います。農家さんが令和５年産は俺もやってみようかなと、拡大の方向へ意欲が向いてくれるといいなと」

農家は基本的には賛成しているようだが、経営として成り立つのかとか、カメムシなど害虫が増えるのではないか、除草の負担が大きいのではないか、などやはり不安もあるようだ。周辺の農家の理解も必要となるだろう。行政としては、理解が広がるよう周知に努めると同時に、省力化で生産コストを下げる工夫などを、ＪＡや農家と共に取り組んでいきたいという。

市民・消費者の理解を得る

消費者側はどうだろう？　無農薬・無化学肥料栽培や自然栽培はまだまだなじみの薄い概念だ。

わたしが「無、つまり何も入れないというと、有機の方がいいような気がしてきませんかね？」と言うと、中村さんは大笑いした。

「やっぱりそうですよね。実際、『それっておいしくないんでしょ？』と言われました」

「子どもたちの反応はどうですか」

「いつもの認証米よりもほんのり甘くておいしいと好評のようです。子どもの学校給食だよりにも『今月のお米は無農薬無化学肥料のお米です』と載せたところ、保護者から、『子どもが食べているお米を、親も食べてみたいのですがどこで買えますか』など、お電話をいただいています」

よかった、反響はよさそうだ。そうなると今後は、食育がますます重要になるだろう。ところが、わたしがいくつかの取材で聞いたところによれば、食育は継続するのがなかなか難しいようだ。そのあたりを質問すると、やはりそこは課題だという認識らしい。中村さんはちょっと天を仰ぐような仕草をして言った。

「消費者に向けても食の意識啓発をもっとしていきたいと思っており、直売所などでの実証実験を検討しているところです。生産者も消費者もお互い、まだまだレベルアップしていかなければいけない部分があるかなと思っています」

有機農産物の給食導入にはいくつかのハードルがある。予算の確保、調達する材料の量や品質、調理現場の理解などだが、中でも基幹となるのは市民の理解だ。多額の税金を投入する以上、これは必須だ。

この点、佐渡市では既に認証米の導入実績があるので、ゼロからのスタートではない。しかも栽培の面でも佐渡市は現時点で、佐渡産コシヒカリのほぼ全量で５割減減を達成している。それでも給食を認証米から無農薬・無化学肥料米（ほぼ自然栽培米）へ移行することは、単なるお米の種類のスライドでは済まない難しさがある。佐渡市では仕掛ける前に、農家も含め、多方面の市民と意見交換をした。

「いろんな方向の人たちを呼んだので多様な意見が出ました。予算がないとか生産技術がないとか、高齢者の生きがいのためにやりたいとか、障がい者も入れてくれとか、ほんとうに様々でした。でもひとつだけ一致したことがあります。それは、子どもたちにしっかりしたものを食べさせたいという気持ち。これはみんなの共通認識でした。だから、これはもう学校給食一本でいこうと思いました。あれこれやりだすとどんどん軸がブレていくので、行政としてはそこ一点突破でいきます」

佐渡の未来を創る

「お話を伺っていると、これはトキの次のシンボルとして、みんなの心をまとめるかもしれないですね」

わたしがそう言うと、中村さんは座り直してこちらをぐいっと見つめた。

「実は今、『トキからヒトへ』というキーワードで動こうと準備しています。今までは『ヒトからトキへ』で、人間が絶滅させたトキの野生復帰を進めるために田んぼの生きものを育むなどの取り組みをやってきて、ようやくトキがここまで増えてきました。世界農業遺産（ジアス・GIAHS）認定から10周年を迎えました。

ではその先は何を見るのか、これから先も同じことの繰り返しでいいのか、という悩みに直面していたんですね。関係者と話を詰めていく中で『トキからヒトへ』という言葉が出てきて…それだ！　とわたしも鳥肌が立つくらい興奮しましたね」

「中村さんの想いと一致したと？」

「はい、わたしの最終目標は移住や定住で人口が増えることなんです。無農薬・無化学肥料のお米を食べた子どもたちが、『俺たち、すげぇ給食食ってたんだなぁ』と佐渡に誇りを持って、島の外に出ても佐渡にまた戻って来る。また、そういう給食を子どもに食べさせたいという人たちが移住してくる。そういうふうに給食が、佐渡の人口減少の突破口になってほしいなと思っているんです」

「なるほど。最近は全国各地で、生物多様性や自然との共生をうたう産地が増えてきました。でもここまで積み上げてきた佐渡は一歩、その先へ行かなきゃいけない、と」

「そうです。離島でトキを育んできた佐渡市だから言える、説得力があると思っています。農家の齋藤真一郎さんがよく『佐渡はトップランナーになろうよ』と言うのですが、このキーワードで佐渡の未来をみんなで創っていけそうだと思いました」

前述したように、齋藤真一郎さんはＪＡ佐渡の自然栽培研究会の中心人物なので、今回の給食導入にも最初から関わっていたのだ。

「そもそもこの取り組みのきっかけは何だったのですか？」

「それは一年半くらい前の佐渡市長の発言です。市長は認証米制度を作った人なのですが、もともとは、消費者に買ってもらえないような高いコメを作っても意味がないという考えでした。でも時代の流れを感じ取って、『佐渡もチャレンジしなくちゃなぁ』と。そうしたら取り組み始めた直後に農水省の『みどり戦略』が出て、これは佐渡市の向かう方向と一致しているからぜひ活用していこう、とまとまりました。ほんとうに我々のスタートと、みどり戦略の発表のタイミングが一致した感じでした。我々が制度やシステムを考える前に、国が同じ方向を向いたので後押しをしてもらっている感じがしましたね。ロードマップはもうそこにできているから乗っていけばいいいと」

「ちなみに新潟県からは何か言われました？」

「えっ、ほんとにやるんですか？　というような反応をいただきました。まあ何を言われても、農協さんと協力して佐渡市単独でも進もうと思っていたので気にしませんでしたが。ハハハ。でも、以前佐渡にいた人が県庁の農産園芸課にいらして、たまたま有機の担当だったんですよ。佐渡の事情もわかっているので、大変助けてもらっています。そういう、すごく応援してくれる県職員の方がいらっしゃるのは心強いです」

こうした人やタイミングを引き寄せるのも、想いの強さなのかもしれない。とにかく佐渡市はトキの次のステップとして、最高のスタートを切ったようだ。

熱いハートを持つ行政マン

「ところで、中村さんはどうしてそんなに給食を大事にするのですか？」

えっ、と中村さんは一瞬、答えに詰まった。

「給食…わたしがいちばん楽しかったのが給食でしたから。わたしも自分でコメを作っているんですが、子どもがご飯を食べる姿を見るのも楽しいし、もっともっとお米を食わせたいです。わたしは十時におにぎり食べて、昼にご飯食べて、また三時におにぎりを食べたいタイプなんですよ。だから子どもたちに『今月は無農薬のお米だけどどうや』と聞いて、『おいしいよ！　全部食べとるよ！』という話を聞くと、やっぱりうれしいですね。もっと食べてほしいなという想いです」

中村さんの話を聞いていると、単に無農薬・無化学肥料のお米を給食に導入するという施策以上の、何か自分の中でしっかりとした価値観を持っているように感じた。それはいったい何で、どこで学んだのだろう。

「うーん、学んではないですね、感覚です。ただ小さい頃から中村家の家訓のように、『人間は自然の一部であることを絶対忘れるなよ』と、親父からずっと言われてきました。人が自然を変えると自然が人を変えるよ、と。例えば川をいじると、川が氾濫して自然のしっぺ返しが来る。そういう話をして育ててくれました。子どもの頃は海や山で遊んで、魚をとったり、山菜をとったりして楽しく過ごしましたねぇ。大学は東京へ行きましたけれど、土の地面を一日一回も踏まない生活になっていることに気が付いて、佐渡に帰ってこようと思っていました。わたしの感覚は今の世代とはすこし違うかもしれませんが、そういう人が行政の中にひとりくらいいてもいいだろうなと思っています」

中村さんはとても楽しそうに話している。この人は根っからの佐渡好き佐渡人で、佐渡がよりよくなることだけを考えているに違いない。

「仕事はいろいろやらなくちゃいけない。園芸も見なきゃいけないですし、地産地消もゴミの資源化も進めなくてはいけない。自分の中では同時並行的にいくつか種まきして、芽が出たところを後押ししていく。芽が出なかったところはちょっと置いておいて、また出てくれれば支援するというイメージです。でもそれはそれぞれ単独ではなくて、すべて佐渡としてリンクしていくと思っています。もちろん自分も組織の人間なので、要所要所では上司にお伺いを立ててやっていますが、市役所の中ではけっこう無理をきいてもらってありがたいと思っています」

佐渡が第二ステージをいかに作っていくか、そして他の産地に埋もれず佐渡米の新しい価値を作れるか、行政においては中村さんのがんばりにかかっているのかなと思った。またそういう人物が力を発揮できるような、風通しの良さと柔軟性が佐渡市役所にあるのだろう。地方の自立が求められる時代において、地方行政のひとつの在り方だと思った。わたし自身も農業、特にお米を土台にして地方が元気になったら、こんな嬉しいことはない。

最後はちょっと個人的な質問で終わることにした。

「中村さんは先ほど自分でもお米を作っているとおっしゃいましたが、代々農家なのですか?」

「もともと祖父は米屋との兼業の農家でした。今は米屋はやっていませんが、農業自体は祖父の時代からやっているので、自分は由緒正しき農民です! 農作業は小さい頃からすごく手伝わされました。『覚えておいて損なことはねぇ』と。だから畦(あぜ)塗りもできますよ。今日はこれから午後お休みを取って、うちの田んぼの溝切りとゴーヤの剪定(せんてい)をちょっとする予定です」

と、にっこりした。

4. 大型化する農業と経営の視点 ~新潟県の場合

第2章では意欲的な生産者と産地の事例を見てきた。彼らのように専業農家として特色のあるコメ作りをし、直販もするなどして、経営として成り立っている生産者は実は少数派だ。

日本の稲作生産者は小規模零細農家が多い。農林水産省によると、主食用米の耕作面積の約4

割を小規模経営体が占めている。そうした小規模経営体は生産コストが高く、自分の労働コストを除くとギリギリ黒字になるかどうかという厳しい状況だ。

なぜこうした状況になっているのか。いちばん大きな理由は歴史的経緯、すなわち農地改革だ。農地改革について簡単に見てみよう。

戦後まもなく、民主化を進めるＧＨＱの指揮の下、自作農創設特別措置法により１９４６年から１９５０年にかけて農地改革が行われた。これは小作農民に土地を貸して高額な小作料を取り立てる戦前の寄生地主制を解体し、農村の民主化と同時に、自作農を創設して食糧増産と安定供給を狙ったものだった。農地の買収と譲渡が行われ、最終的に１９３万町歩（約１９３万ヘクタール）が解放された。農地の売り渡しを受けた農家数は４７５万人に及んだ。その結果、小作地率は46％から10％未満に減少した。

農地改革によって何が起こったか。水田と畑の小作人だった人たちが、農地を自分の私有財産として持ち、自発的継続的に耕作できるようになった。それは小作人だった人たちに大きな喜びをもたらしただろう。しかしながらその結果、日本の農業は小規模農家が主流となり、経営規模が小さいまま今日に至っている。

近年、農業機械や農薬、化学肥料の高度化などによる農業の近代化に伴い、農業にも効率化や生産性が求められるようになった。例えば、アメリカのトウモコロシ畑を思い起こしてほしい。土地の境界線が見えないような広大で平らな耕地で、大型機械を何台も入れて効率よく生産していく。1農場当たりの平均面積は約178ヘクタールだという（2017年米国農業センサス）。

これに対して日本は国土の75％が山地だ。しかも農地改革で小規模農家が大半となり土地所有者が細分化された。それゆえ農業の大規模化・効率化が遅れたといわれている。

小規模な経営体の問題点は生産コストがかかることだ。そこをクリアするためには、第一義的には経営規模を大きくして農地を集積していくことが必要になる。経営規模が大きくなるほど生産コストが低下し、15ヘクタール以上になると平均の約7割に抑えられている。また小規模経営体のほとんどが家族経営の個人農家のため、高齢化や後継ぎがいない、あるいはもうからないなどの理由で離農するケースが多い。

2020（令和2）年の農林業センサスによれば、全国の農業経営体は107万6千で、5年前に比べ22％減少した。そのうち個人経営体は103万7千で5年前に比べ23％減少した一方、団体経営体は3万8千で3％増加した。団体経営のうち8割が法人経営で2万7千。5年前に比べて4千増えた。さらに、10ヘクタール以上の経営体が耕作する面積は、（田畑も含めた）農地面積全体の55％を占めている。

要するに、家族だけで行う農家は減る一方で、農業法人が増えている。専業農家も法人化すると、人材を確保しやすいとか、融資を受けやすくなるなど様々なメリットがあるのも大きいだろう。どうやらこの先、法人が稲作のメインストリームになりそうだ。

でもわたしを含め、一般の個人消費者は農業法人についてほとんど知らない。なぜなら経営規模が大きくなると卸売業者などの大口顧客が主になり、直販などで消費者と直接接点を持つことは少なくなるからだ。農業法人は栽培や経営でどんな工夫をしているのか、地域でどんな役割を果たしているのか。その辺りの話を米どころ、新潟県の農業法人と行政に聞いた。

(1) 地域に根差す農業法人・新潟県十日町市の千手（せんじゅ）

話を聞いたのは㈱千手の取締役・営業部長、丸山博さん（63）。丸山さんは新潟県農業法人協会の会長も務めている（令和3・4年度）。

「千手」は新潟県南部の豪雪地帯、十日町市にある農業法人だ。主食用の水稲を主とし、地元向けにイチゴのハウス栽培も手掛けている。自社の耕作面積は120ヘクタールで、コメの生産量はおよそ1万俵（600トン）。十日町市のコシヒカリはいわゆる「魚沼産コシヒカリ」になり、新潟米の中でも高値で取引される。千手の2021（令和3）年のコメの売上高は2億円だった。

法人設立は2005（平成17）年。丸山さんは会社設立と同時に入社した。それまでは餅や笹団子、そばなど農産物加工の食品工場の会社に勤務していた。44歳のときに千手に転職。実家は農家で農作業は子どもの頃から手伝っていたというが、ほとんど知識もなく、「何もわからない状態」で入社した。ほぼ新規就農に近い。入社の頃は「とにかくいろんな人に聞いた」らしい。

設立当初、社員は15人くらいだったという。どういう経緯で千手が設立されたのだろうか。

「もともと5つの生産組合と1つのライスセンターが合併してできたんですよ」

と、丸山さんは言った。ライスセンターは共同乾燥調製施設で、収穫後のもみの乾燥、もみすり、精選、袋詰めなどの作業を共同で行う。市町村や農協などの経営が多く、多数の農家が利用している。丸山さんが続ける。

「機械は生産組合から借りて、減価償却が終わったら買い上げる形にしました。トラクターなどを買わずに済んだので、あまりお金をかけずに始められました。その生産組合の組合員が、ほぼ千手の株主になっています。田んぼの面積10アール（1反（たん））あたり1株というような形で投資してもらったんです。ですから、弊社の株主さんは３５０人くらいいます」

「なるほど。農作業を委託するお客さんもそのまま引き継いだんですね」

「そうです。お客さんはほとんどが地元の人。どこに田んぼがあってというのがわかっているような昔からの付き合いのところばかりなので、弊社もお客さんとの信頼関係が作りやすかったですね。地域の方に支えられて在る会社なので、弊社もそれに応えていかなければならない」

「千手に委託してくるのはどんな方なんですか」と、わたしは聞いた。

「高齢でもう農作業はやりたくないとか、後継ぎはいるけれど東京に行っているとか、家にいても農家はしないとか。そういう人たちから『自分たちではもうできないので千手さんお願いします』と委託されることが多いです。

最近では、後継ぎがいないから田んぼをまるまる買ってくれ、というところも出てきました。

ただ田んぼを買うとなるとお金がかかります。10アールあたり相場でも50〜60万円くらい。一人の田んぼを買うと他の人のも買わざるを得なくなる。うちとしては借りる方がコストもかからないので、今のところなるべく借りる形でやっていますけれど。でも農家さんにしてみたら、自分の代で全部処分したいんですよね。それと、自分が元気なうちに現金に換えたい、というのもあるんじゃないですかね」

これは全国各地で起きつつある問題だ。わたしも取材先で、高齢化した農家からもう土地を手放したいから買ってくれと頼まれる、という話をしばしば聞く。頼まれる側、すなわち今、元気な生産者も人手などにさほど余力があるわけではないから、簡単に圃場を拡大できない。もちろん買い取るにはお金もかかる。

ある生産者は、「あと数年後にはそんな話がごろごろ出てきますよ。なんとかしないと結局、耕作放棄地になって荒れてしまうから、なんとかしてあげたいのだけど、こちらもなかなかね……」とほんとうに困っているようだった。

作業受託と地域農業の維持

話を戻すと、千手がある地域では他にも多少の作業受託をしてくれるところがあるが、おおよそ千手が引き受けているという。作業受託は田植えや稲刈りといった農作業のみを引き受ける。この場合、日常の水管理や施肥などは農家が自ら行う。

他方、千手をはじめ中規模以上の生産者は、経営している面積の大半が農家からの借地というところがほとんどだ。前述したように農地改革で所有権が細分化されたこと、生産者にとっては土地を買うだけの経済的余裕やメリットに乏しいことが理由だ。生産者は地主から土地（田んぼ）を借り、地代を払う。千手は自分の持つ田んぼを全部貸してくれたお客には、お米を割引価格で販売している。作業効率を考えると、なるべくまとめて借地に出してくれる方がいいからだ。

「農家さんが田んぼを出す（借地農地として千手に貸す）ところはほとんどが、うちがもともと作業受託をしていたところです。うちの会社の経営面積が田んぼだけで120ヘクタール（ほぼ借地）で、作業受託も120ヘクタールある。だから作業受託の農家さんが『もう全面的に千手さんにお願いしますね』と田んぼを出すとしても、うちとしてはやることは同じなんですよ。受託でなくなると、田んぼの水管理や畦（あぜ）の草刈り、施肥などの日常的な作業は増えますが、機械作業は同じです。

どこももうそんなに田んぼを広げられないですよ。ですから、田んぼを引き受けるところがないと困るという声に、弊社ができるだけ応えたいと思っています。うちは千手（せんじゅ）地区だけでやっているので、この先も合計240ヘクタールから増えることはないでしょうね」

そういうことか、とわたしは合点した。もともと作業をしていた田んぼだから、購入でない限り、千手は引き受けることが可能なのだ。それだけ地域の田んぼ全体を把握していて、なおかつ地域から信頼を得ているということだろう。それは裏を返せば、地域への責任があるということだ。丸山さんは続けた。

「どこも生産組合や法人がやっていかないと、もう田んぼの担い手がいないと思いますね。そこを放置して荒らしてしまうと虫が出たり、水害が起こったり、いろんな被害が出てくるし、一度荒らすと元に戻すのはなかなか大変です。実際、ここよりもうちょっと山間地に行くと、既にちょっとずつ荒れているところも出てきていると聞きます。

隣の地区までは能力的に無理だけど、この地域は引き受けてそこでいいものを作っていかないと、と思っています。地主さんが見ていますんでね。田んぼの畦もきれいにしておかないと、『なんでうちの田んぼの畦、刈らねやんだ？』と言われたりもしますからね」

それで思い出した。以前、千手の稲刈りを見に行ったときのことだ。コンバインで収穫する様子を見ていたら、話しかけてきた男性がいた。いかにもこの辺りのベテランといった風情で、稲刈りを見守っていた。方言で何を言っているのかよくわからなかったのだが（申し訳ない）、要するに、自分は千手に作業を委託している地主だが、最近の地主はちっとも田んぼを見に来ない、それじゃあダメなんだよというような話だったと思う。

「ああ、Hさんね。あの人は熱心ですよ」と丸山さんはほほ笑んだ。「まあ最近は、田んぼを出したらもう終わり、という感じでまったく見に来ない人も増えていますね。地主さんも普段は仕事をしている人が多いですから」

多品種で作業効率を上げる

農家の意識も変わり、農業法人の役割は増すばかりという現状が見えてくる。法人は作業効率を上げて経営の安定化も図らねばならない。それには作付け計画をきちんと作ることが大事だという。

「最も大事なのは作業性ですね。同じ品種をできるだけ近くの圃場でまとめること。その次に大事なのは品種性。例えば、どうしても日陰になるところもある。そういうところだとコシヒカリは背丈が伸びて倒伏しやすくなるから、別の多収性品種を考えます。コシヒカリだと10アールあたり8～8・5俵くらいしか取れないところ、多収性品種だと11～12俵取れます。コシヒカリよりも価格が安くても、経営的には10アール単価で考えるから、安いコメでも量が取れればそれなりになります」

千手では経営面積120ヘクタールのうちコシヒカリが58％で、そのほか多収性のつきあかり・あきだわら、高温に強いにじのきらめき、もち米のこがねもちを作っている。ちなみに、受託の農家はほぼコシヒカリだそうだ（傍点は品種名）。

いろいろな品種を入れるのは作業分散の意味もある。つきあかりは早生（わせ）（早く田植えをして早く収穫する）、あきだわらは晩生（おくて）（遅く植えて遅く収穫する）なので、稲刈りの時期がコシヒカリと重ならない。コシヒカリがもっと多かった頃は、いっせいに収穫時期を迎えるので、品質に影響の出ない3週間で刈り取るには、1400万円くらいするコンバインが14台も必要だったという。それが品種分散するようになってからは9台で済む。コンバインの稼働期間は長いが、使用台数が減り、オペレーターの数も少なくて済む。コストも作業性も格段に良くなった。

豪雪地帯の雇用対策

経営という側面からは従業員のことも気になる。千手の社員は役員も含めて20人、そのほか通年での契約が数人、春はその他にも人手をお願いして50人くらいになるらしい。

「田植えの時期がいちばん作業が多いので、春作業を2か月間してくれる人が必要なんですが、今はなかなか来てくれる人がいなくなっています。すこし前までは2人募集すると15人くらい来たこともあったんですけれどね」

「ああ、やっぱり人手不足なんですね。ところで、十日町は豪雪だから冬は農作業ができませんよね。冬の時期は、社員さんはどうしているんですか？」

「ええとねぇ」と、丸山さんはひと呼吸おいて続けた。

「冬はなかなか仕事がないので、12月から3月くらいまで他の会社に出向してもらっています。

道路除雪のオペレーターやガソリンスタンドの灯油配達、スキー場、酒蔵などですね」

「お給料はどうなるんですか」

「基本は向こうの会社から出ますが、スキー場などはうちの給料より安いので上乗せします。除雪の人たちは残業があれば、本人に還元しています。秋でいったん雇用を切ってしまうと、春になってもなかなか来てくれないんでね。ただイチゴの担当は今、3人いるんですが、それは園芸部門で雇用は別です。イチゴはほぼ一年間仕事があるんですよ」

「そもそも、どうしてイチゴを始めたんですか」

「冬仕事対策だったんですよ。イチゴは6月くらいまで収穫があって、夏の間に次の年の準備をして9月に定植、12月には出し始めますからね」

地道な営業活動と顧客視点

丸山さん自身は秋の稲刈り後から冬の間、首都圏の米卸売の会社やお米屋さんに出向き、営業活動をする。現在取引がある先にも定期的に顔を出す。

「最初、営業をやれと言われたときは、そんなことやったこともないし困ったなぁと思いましたけれどね。展示会に出展してお客さんを見つけたりしましたが、今はほとんど口コミですね。付き合いのあるお米屋さんが紹介してくれたり、フェイスブックから広まったり、会社の知り合いを紹介してもらったりね。ほんとに人に恵まれたなぁと思っています」

「丸山さんの営業にわたしも同行させていただいたことがありますが、お米屋さんとのお付き合いをとても大事にしていますよね」

「そうですね。お米屋さんの目は厳しいですからね。今は農薬５割減でないと買わない店が多いです。ダメな部分をきちんと指摘してくれるお米屋さんや卸さんとは、長いお付き合いができますね」

品質への信頼感は取引先と作っていくもの、と言えるかもしれない。お米屋さんの取引量自体は多くないが、丸山さんが大事にしている理由が見える。

「よく社員に言うんですけれど、うちはコンクールに出すような百点満点のコメは要らない。平均して80～85点を作ればいい。その代わり60点や70点のコメはダメだよと。全体を見ないといけない。コンクールで賞を取っても、同じレベルのコメを１００俵も出せないですから。ただ、買う人つまりお米屋さんや卸さんにとって、どのコメでもいつも品質が変わらなくて一定しているのがいいんじゃないかと思うんですね」

買う人、すなわち顧客にとっての最上は何かを常に考える。そういうことだろう。

「コンクールをがんばる人がいてもいいと思いますけれど、うちは違うということです。それは農薬についても同じです。無農薬でがんばる人がいてもいいけれど、例えばうちの場合、カメムシはヘリでまとめて防除の農薬をまきます」

「千手はほぼすべてのコメを特別栽培米、つまり農薬５割減で作っていますよね。必要な農薬は、必要な分だけ使うということでしょうか?」

「そうです。うちの田んぼでは赤トンボがずいぶん増えてきましたよ。会社ができた頃は赤トンボは少なくて、蚊が多かったです。最近やけに蚊が少なくなったなぁと思ったら、やっぱりトンボが増えているんですよね。※ それまではこの地区は慣行栽培で、若干強い農薬を使っていたんですが、それをやめて弱い農薬を使うようにしましたからね」

※赤トンボは秋に水田に産卵する。卵は水中や泥の中で越冬し、春にふ化してヤゴになり、田んぼのボウフラ(蚊の幼虫)やミジンコを食べる。6~7月頃に羽化して成虫になる。

農業法人の役割

最後に、丸山さんと千手の今後について聞いた。

「俺はもう定年ですよ。定年は一応65歳、再雇用の延長で70歳まで。これからやることは後継者作りしかないですよ。リーダーになってやってくれるような人、特に交渉できる人ですね。今の若い人は飲み会にしろ、コミュニケーションを避けたい傾向があるように思いますね」

「何の仕事でもそうかもしれませんが、お米の仕事はコミュニケーションがけっこう必要なのかな、とわたしも感じます」

「そうですね。やっぱり情報を得るためには人間関係も大事ですからね。もらうばかりじゃダメで、こちらからも情報を出さなきゃね。愛情といっしょですよ、愛されたかったらこちらも愛さなきゃダメ、みたいなね」

丸山さんはそう言うと、フフフと笑った。優しい笑い方だった。

「会社としての今後は、いずれは近くの法人と合併しなきゃいけないかなと思ってはいます。わたしたちの仕事は自分たちのためだけの仕事じゃない。地域のためにもやっていかないと、どんどん高齢化して自分でできなくなる農家が困る。田んぼは絶やしてはいけないですよね」

丸山さんは新潟県の農業法人協会の会長という立場もある。

「これからは法人が地域の農業を支えていくのでしょうか」

「そうですね。今はひとつの集落でひとつの法人という地域もあります。そういうところは合併してある程度大きくなって、力を付けていかないと生き残っていけないかもしれないですね。農協にだけ出荷しているのでは利益は上がらない。自分で売る力もないとね。

農協にしても、法人が生き残っていかないと農協自体も成り立たない。うちも農協から肥料とか農業機械や資材を買っています。それに、うちみたいなところが受託していかないとコメも出荷できなくなる。農協はコメを買うだけで、農協がコメを作るわけじゃありませんからね」

「あっ、そうですよね。その視点は一般消費者には欠けているかもしれないです。農協からお米を買うイメージがありますから」

「いや、農協は集荷しているだけだから。でも農協も大事ですよ。農協が営農指導しないと、品質にばらつきが出たりしますからね。産地として底上げをしていかなければいけない。ただ、農協は農家さんを平等に見なくてはいけない。その点、法人は農家さんとの付き合いが濃いですから多少厳しいことも言えます。それに実際、農協より法人の方が、それぞれの圃場の特徴を知っていますからね。これからは法人が担い手をある程度、指導していけたらいいと思いますねぇ」

インタビューの終わりに、丸山さんはもう一度、赤トンボの話を持ち出した。

「今年は赤トンボがとても多い。子どもの頃は夕焼けみたいに、赤トンボで空が真っ赤になったんですよ。稲刈りの頃だと金色の田んぼの上が真っ赤で、ホントにきれいでねぇ。あれをもう一度見たいというのが俺の夢かな。そこでおにぎりを食べられればいちばんいいかなと。今はそういう話をしてもあまりピンと来ない人が多いんだけど、あれを見たら感動すると思いますね。これからどうなるかわからないけれど、そうなってほしいですね」

わたしの夫も小さい頃、故郷の新潟県長岡市で同じような景色を見たという。残念ながら、わたし自身はそういう思い出がない。たまに赤トンボを見かけて大喜びしたくらいだ。丸山さんといっしょに真っ赤な空の下でおむすびを食べたいと思った。

(2) 新規就農者の定着を法人で～新潟県農林水産部経営普及課

ここで今一度、日本のお米の栽培状況と新潟県の状況を見てみよう。

農林水産省が発表している２０２１（令和３）年産のデータによると、全国の水稲の作付面積は１４０万ヘクタール、収穫量は７５６万トン。

新潟県の作付面積は12万ヘクタール、収穫量は62万トン。面積・収穫量とも全国第1位だ。収穫量のうち主食用は53万８５００トン。日本人の一人当たりの年間消費量が５０・８キログラム（令和２年）なので、年間約１０６０万人分のコメを生産している計算になる。新潟県の人口が約２１８万人であることを考えると、新潟県が担っている大きさがわかる。県庁の農林水産部を取材するとどの課の人も、日本のお米を支えている誇りを持って職務に当たっているのを感じる。

担い手について見ると、新潟県では毎年、新規就農者が２８０人前後いる（稲作に限らない）。そのうち農業法人に勤めるのは１５０～１７０人くらい。農業法人の数は増加傾向で２０２１年で１２２０経営体。２００５（平成17）年の約3倍になった。

前述の丸山さんの話からわかるように、稲作では今後、作付面積が大きい農業法人が果たす役割が大きくなっていく。法人の在り方や農業者の働き方について、新潟県の考えを農林水産部経営普及課に聞いた。取材に応じてくれたのは、取材当時の普及課長、佐藤一志さん（58）である。

変わりつつある農業の労働環境

「最近、農業に興味がある人や就農する若い人が増えている印象があるのですが」

と切り出すと、佐藤さんは「そうですね」とにっこりした。

「昔であれば、農家の子だから農家になるというのが当たり前でした。だけど若者がまったく変わってきた印象がありますね。むしろ農家の子どもの方が、親が苦労しているところを見ているから嫌がる感じがします。でも最近は、食料を生産する意味や意義を感じる人が増えているかもしれません。特に今回のコロナ禍で、そういう傾向が出てきているかなと思います。業務用米の需要が減ったとかコメが余ったということはあります。例えば飲食店や観光業は厳しい状況に置かれましたよね。でも農業は実は、直接的に影響を受ける職業ではないんですね」

「なるほど、農業の魅力のひとつですね。取材した限りでは、ひと昔前に比べて労働環境も良くなってきているという話もちらほら聞きます」

「特に法人が変わってきていますね。休暇制度や社会保険制度が完備されているところが多くなりました。また更衣室や女性用トイレを作ったりね。今までは家族経営だったから気にならなかったかもしれないけれど、外から人を雇うときにはそういうものも必要です。県として『多様な人材が働きやすい環境を作っていきましょう』と、支援事業をだいぶやってきました。そういう補助金はほとんど使っていただけましたね。他人を雇って気持ちよく働いてもらうには、労働環境も含め一般の会社に近づいていかないといけないと思うんですよね」

日本の農業は小規模農家が中心の時代が長かったから、人を雇う会社という意識がなかなか育たなかったようだ。佐藤さんは続ける。

「法人の労働環境はだいぶ一般の会社に近づいてきたと思うんですが、給与の面はまだまだ厳しいですね。一般の企業だと（最近少なくなっているとはいえ）年功序列で上がっていくんでしょうけれど、農業はなかなかそうはいかない。そういった面でも経営の基盤強化は大事です。もっと強化していってほしいですね」

多様な人材が農業に入ることがますます必要だと、佐藤さんは言う。わたしも取材を通して同じことを感じていた。

「わたしが聞く限りでも、実家が農家でも学校を卒業してすぐ農業に入らず、違う仕事を経験してから就農するなど、様々な経験をした人が農業に入る例が増えているみたいです」

「そうやって違う世界を一度見てくるのはすごくいいと思います。最近、30代や40代で就農する人の中には、前職がＳＥだったり営業職だった人もいるんですよ。昔の農業だとそういう職業の経験はあまり役に立たなかったかもしれませんが、今は農業の仕事もすごく多様化してきているから、活躍の場が増えてきていますね。例えば営業職だったのなら農作物を売るとか、農業のＩＴ化が進んできているからＳＥだった人にいろんなシステムを作ってもらうとかね」

佐藤さんはＨという法人の話をした。設立者は県内の非農家の出身で、大学では機械航空工学を学び、卒業後はガスタービンエンジンの開発に従事したという異色の経歴の持ち主だ。佐藤さんによると、農業をしたことがない若い人たちを雇い、冬場は例えばスキー学校のインストラクターをするなどの多様な働き方を認めているらしい。

「あの法人のいいところは人材育成にもすごく力を入れていることです。農業でも危険物取扱者など持っていると便利な資格があるのですが、そういう資格試験の受験にお金を出すなど支援をしているんですよね。農業法人も一般の企業並みに近づいてきたなぁと思いますね。もちろん全部の法人がそうなっているわけではないですが、いくつかの法人がそうやっていけば、全体として底上げされていくだろうと思います」

「そういう働く環境を整えるためにも、収益を上げていくことが必要になるわけですね？」と言うと、佐藤さんはそうそう、とにこやかにうなずいた。

経営の視点の必要性

農林水産省では認定新規就農者制度を設けており、認定者は様々な補助が受けられる。認定新規就農者となるには、将来の営農計画を作成し、市町村長から認定を受ける必要がある。新潟県内では150人程度が認定者になっている。

新潟県では、44歳以下でなおかつ年間農業従事日数150日以上の人を「新規就農者」としてカウントしている。ここ数年は毎年280人前後だったが、2021年は297人となり、調査を開始した1989年以降で最多となった。

新潟県農業大学校は現在、一学年定員80人だが、少子化の影響もあり一時は大幅な定員割れが続いた。それがここ一、二年は入学希望者が増え、ほぼ定員に近づいた。県外から「新潟で稲作を学びたい」と入学してくる生徒たちも多いらしい。また、就農を目指す社会人を対象にした就農実践コースもあり、受講生の多くが非農業のキャリアから農業者への転身を目指しているという。県としても、地域農業を担う人材として期待が大きい。

「全体としては高齢で離農する人がいるので、農業者数は減っていますが、認定新規就農者が増え、女性も増えてきました。やっぱりちょっとずつ変わってきていると思うんですよね」

佐藤さんは最近の傾向として、仕方なく家業を継ぐという感じではなく、自ら希望して農業に入ってくる前向きな人が増えている印象だという。

「県としては生産年齢人口（15～64歳）が減る中で、新規就農者数を増やすと同時に、入ってきた新規就農者たちにしっかり定着してもらいたいんですね。新規就農者の3年後を調査すると、7割くらいの定着率で、一般企業とだいたい同じです。これを8～9割の定着率にしたいですね。そのためにも法人の経営を強化していかないと、雇った人たちが働けなくなる。働き方改革や仕事をしやすい環境も大事です」

「そうなると農業法人といっても、マネージメントや人材育成なども必要になるでしょうし、経営者の視点が不可欠になってきますね」と言うと、佐藤さんは大きくうなずいた。

「そうです。だからいずれ、法人主（ぬし）、法人の社長さんというのは、作業する人ではなく経営者になるべきだろうと思います。被雇用者も単に労働者として雇われているという感覚ではなく、部門を任せられるなど自分で考え行動することが必要になってくるでしょうね。これからは身内の家族経営ではなく、外部の人、いってみれば新たな血がどんどん入ってくれば、農業はもっと変わっていくのかなと思いますけれど」

「ロボットやＡＩ、ＩｏＴなど先端技術を活用したスマート農業など、ＩＴの導入もやはり必要でしょうか」

「そうですね。特に規模が大きくなってきたときに、人手不足の現状では、その規模に応じて人を次々雇うというわけにはいかない。そういう状況でいかに効率的な農業をするかといったときに、やはりスマート農業は必要になってくると思います。スマート農業の補助金もありますし、県も支援していきます。ただ、スマート農業は金をかければある程度のことはできるんですよね」

一瞬、佐藤さんの言おうとしていることがつかめなかった。たぶん顔に出たのだろう、佐藤さんはこちらを見てゆっくり言葉を続けた。

「つまり現状の経営の中で、多額の費用をかけてスマート機械を入れてほんとうに効率的になるのか、投資し過ぎではないかということも出てくるわけです。規模にあった導入をすべきではないかと。だからお金の問題だけでなく、現場の普及指導員が農家に寄り添った形で指導していく必要があるかもしれません」

「普及指導員さんは農家に対して、この時期にこういう肥料をまきなさいとか、稲刈りはいつ頃を目安にとか、今はそういう技術指導が主ですよね？」

「今も経営相談に応じたりしますが、やはり技術指導が主です。でもこれからは経営的なことももっと寄り添わなければならない。つまり生産指導から、地域をどうやって守っていくかとか、人づくりも併せてやっていく必要が出てくると思います。

これからの時代はモノ作りだけではなくなってくる。総合的に関わっていくことが必要になってくるとわたしは思います」

インタビューが終わり、わたしは自分でも不思議なくらい、気持ちが明るくなった。

「なんだかとっても希望の持てるお話をうかがった気がします。新潟の農業の未来は明るいですね！」と言うと、佐藤さんは「いやいや、うまくいかないこともいっぱいあるんですよ」と笑った。

いや、やっぱり農業の未来は希望に満ちている。そう信じたいと思う。

※佐藤さんはこのインタビュー後、２０２２年4月から新潟県農業大学校の校長に就任した。

5.「孫ターン」と「おばあさん仮説」が導く若者の新規就農

生産の現場が著しく高齢化している問題が、ここまでの取材で見えてきた。いかにして若い世代に農業に興味を持ってもらうか、就農して地域の農業を受け継いでもらうか、行政も生産の現場も悩んでいる。

人手不足は農業に限ったことではない。そもそも日本の人口が減り続けていることは周知の事実だ。実際の数値を見てみよう。現在、総務省が公表した人口統計によると、日本の総人口は２０２２（令和４）年で1億２５００万人。そのうち労働の中心的な担い手となる15～64歳の生産年齢人口は７４２０万人。これは総人口の60％で、統計を取り始めた１９５０年以来の最低となった。総人口および生産年齢人口の減少幅が拡大した理由のひとつに、新型コロナウイルス禍に伴う入国制限で外国人の流入が減ったことがあげられる。ただ、それを加味したとしても、人口減少（と生産年齢人口の減少）の傾向は変わらないだろう。

このような状況下で新規就農者を増やすことは容易ではない。しかも稲作は広い農地と高額な農業機械が必要で、なおかつ一年に一回しか収穫できないので、経験を積むのに時間がかかる。新規就農という側面で見ると稲作は、野菜や花きなどの園芸作物に比べて圧倒的に不利だ。

それでも最近、お米に興味を持ち、稲作を希望する20代や30代がすこしずつ増えている。彼らは小さい頃から学校などで環境教育を受け、ＳＤＧｓや環境保全などについて学び、持続可能な社会を目指すにはどうあるべきかを考えてきた世代だ。中高年層が持つ価値観、すなわち大量生産・大量消費を是とし、生産効率を最優先させる生き方とは異なる生き方を目指す若者が増えてきている。

この項では兵庫県豊岡市と新潟県佐渡市の新規就農者を紹介したい。二人とも自分の価値観に基づく軸をしっかり持ち、自ら希望して就農した若者だ。ベテラン勢にはまだまだ頼りなく見える面もあるかもしれないが、彼らから学ぶべき視点もあるのではないだろうか。

（１）大反対を押し切り「孫ターン」で新規就農

「孫ターン」という言葉をご存じだろうか。20〜30代の若い世代が祖父母の暮らしや生き方に影響を受け、祖父母の住む地域に戻ってくる行動をいう。ＵターンやＩターンと並ぶ新しい移住スタイルだ。

農業でも孫ターンをする若者が増えつつある。これまでの就農の形態は親世代に見られるように、学校を卒業すると地元を離れ非農業の仕事に就き、中年になって家の事情で仕方なく戻り、家業の農業を継ぐパターンが多かった。彼らは自分の子どもにはたいてい、「農業はもうからない、やるもんじゃない」と言ってきた。その背景には、高度成長期やバブル時代に第一次産業が軽視されてきたことがある。

ところが前述したように、今の若者の価値観はそれとは大きく異なる。自然環境や郷土について学校で学び、経済至上主義の世の中に限界を感じる一方、農業や地方の暮らしにポジティブなイメージを持っている。孫ターンでの就農は祖父母が住んでいる土地なので地域になじみやすい上、ゼロからの新規就農よりも初期投資が少なくて済むというメリットもある。

兵庫県豊岡市在住の安達陽一さん（30）も孫ターンで地元に戻り就農した一人だ。専業として始めて半年とすこしが過ぎた頃に話を聞いた。

「奇跡のリンゴ」に導かれて

「安達さんはご実家が農家、ですか？」

「祖父母は専業農家だったのですが、両親は共働きのサラリーマンでした。僕は日中、祖父母に面倒を見てもらっていたのですが、子守りがてら、毎日のように田畑に連れていってもらう環境で育ち、小さい頃から農業が好きだったんです。『中学を卒業したら農家になるんだ』と言っていたんですよ」

「えっ、中学の頃からですか。それは年季が入った農業好きですね」

と言うと、安達さんは小さく笑った。

「お願いだから大学は出てほしい、と両親に言われましたよ。でも農業への道を諦められなくて、高校生のクセに『現代農業』（農文協発行の農業専門雑誌）とかを読んでいました。そうしたら木村秋則（あきのり）さんの『奇跡のリンゴ』の特集があったんです（2007年11月号）。農薬も肥料を使わないでリンゴを栽培する、というものでした。うちでは農薬を当たり前のように使っていたので、それを使わないというのにすごい衝撃を受けました。それを研究している大学があると知って、進学を決めました」

農業少年は明確な目的を持って弘前大学へ進学。大学で2年間研究をし、実際に木村さんの畑にも行った。面白くなって修士課程へ進み、なぜ長期にわたり無肥料で野菜が育つのかを知るために土の研究をした。そうするうちに、なぜ土の養分が減らないのか、それはどこから来ているのかを知りたくなり、土壌微生物の研究へと移っていった。研究は楽しかったが、やっぱり農業で生きていくのは難しいなと思った、と言う。

市役所勤務から新規就農へ

安達さんは修士課程を終えたタイミングで地元に帰ることにした。農業をやりたい気持ちを抱えたまま、豊岡市役所に就職した。

「たまたま配属になったのが農林水産課で、農業に関わることができました。担当したのが『コウノトリ育む農法』で、認定農業者の専業農家さんとのお付き合いが始まったんですね。いろいろな農家さんに出会ううちに、もしかしたら農家でも食べていける可能性はゼロじゃないのかなと思い始めて。それと『コウノトリ育む農法』にすごくひき込まれたんですね。もともとお米が好きだったので」

安達さんが影響を受けたのが、「コウノトリ育む農法」に当初から取り組んでいた根岸謙次さん（第2章3）たちだった。安達さんは市役所勤めの傍ら、週末は家の農業を手伝った。その頃には父親が早期退職をして、家業の農業を継いでいた。

自分でも農業がある程度できそうだという感覚をつかんだ頃、転機が訪れる。結婚して子どもができたのだ。

「いつか農業をやりたいなと常々思っていました。ただ、この子が成人するのを待ってからでは自分は50代になってしまう。それよりはこの子の教育にお金がかかる時期までに、農業を軌道に乗せたいなと。30歳前の今のタイミングなら、5～6年かけて軌道に乗せられそうだと思って去年の春、市役所を辞めました。28歳のときです」

「市役所を退職して就農…。それは思い切りましたね。周りからいろいろ言われたでしょう?」

「はい、それはもう」と安達さんは笑った。

「両親はもちろん大反対でした。父親は農業だけでは食べていけないと言って。周りの方からも『市役所なら間違いなく安定しているのに、暮らせるかどうかわからない農業をわざわざやるなんて、どうしたんだ!』と言われるし、専業農家さんからも『公務員を辞めてまで農業をするなんて、バカの極みだ。悪いことは言わないからやめておけ』とお電話をいただいたりもしました。いや、気にしていただいてありがたいことなんですけれど。でも逆に俄然（がぜん）やる気が湧いて、どうしてもやりたくって、始めましたね」

文字にするとブルドーザーのようにパワフルな人に感じるかもしれないが、リアルな安達さんは物静かで、穏やかに話す人だ。大胆な行動とのギャップが面白い。

クラウドファンディングを活用

詳しく聞くと、情熱だけで突っ走ったのではないようだ。５年間の農業経営計画を立て、今のところ目標の７割くらいはできているらしい。

「もともと祖父母と父がやっている地盤があるので、まったくの新規の方に比べれば初期投資は少なくて済みました。でも、当てにしていた兵庫県の新規就農者の補助金に応募したのですが落選してしまいまして…」

応募したのは「コウノトリ育む農法」に取り組む農業者向けの補助金で、例年通りなら、何の問題もなく審査に通るはずだった。ところがその年は、他の団体が地域での取り組みを拡大するために大人数で応募したらしい。予算不足になり、零細新規農家の安達さんは振り落とされてしまった。

安達さんがやりたい無農薬栽培の稲作では除草機が欠かせない。ところが祖父と父親は除草剤を使っているので、除草機がなかった。除草機購入の資金が調達できないまま日にちは過ぎ、栽培スケジュール的に除草機を導入するにはもうギリギリの段階が迫っていた。

そこで思い付いたのが、クラウドファンディングだった。自分の想いと計画、そこに至る経緯を丁寧にしたためプロジェクトを立ち上げた。その結果、57人から96万円の資金を集めることができ、念願の乗用型除草機を購入することができた。

「結果的には補助金ではなく、クラウドファンディングにお世話になって逆によかったなと思います。いろんな方と知り合いになりましたし、それがご縁で野菜やお米を買ってくださるお客様がつきました」

それだけ多くの人が安達さんの想いに共感し、一見、無謀に見える安達さんの行動を応援してお金を出したのだ。まださざ波かもしれないが、確実に世の中に変化の波が起きつつある。

有機農業への全面転換を目指す

今のところ、祖父と父親と安達さんの三世代で農業を営んでいる。野菜が70アールでビニールハウスが5本、コメは4・5ヘクタール。売り上げはお米と野菜、半々だという。

「祖父も父も慣行栽培でやってきました。特に祖父は70年間、自分のやり方でやってきて、無農薬栽培にはまったく関心がありません。僕としては全部無農薬でやりたいのですが、そういうわけにもいきません。お米は全部自分が担当させてもらっているので、半分を無農薬にしました。野菜はハウス1本分。しばらくは今までのやり方と併存でいって、年々無農薬を増やして、最終的には無農薬メインの経営にしていきたいと思っています。規模拡大よりも、経営の中身を変えていきたいです」

「すこしずつ、ですね」と言うと、安達さんはうなずいた。

「無農薬のすごい理想だけで入ってきて、周りとの軋轢(あつれき)が生じて失敗する例をいろいろ見てきたので、バランスを見てすこしずつ、ほんとうにすこしずつやっていかないといけないと思っています」

最後に「専業になってどうですか？」と聞くと、安達さんは「やっぱり楽しいですね！」と、満面の笑顔で即答した。

（2）里山に魅せられ移住して棚田で新規就農

佐渡に移住してたったひとりで棚田を守っている若者がいると聞き、佐渡島の南部、羽茂（はもち）大崎の集落から山あいに入った棚田が点在する地域へ行った。

伊藤竜太郎さん（32）は新潟市の出身。佐渡に親類縁者はいない。実家は農家ではなく、彼いわく「普通の家」で育った。東京農業大学で自然や里山の景観を守る自然環境保全学を学んだが、稲作とは無縁の生活を送ってきた。転機は大学生のとき。先輩の研究調査の手伝いで訪れた佐渡の里山の景色に、激しく心が揺さぶられた。景色を守るために米農家になろうと移住を目指し、卒業後は東京でアルバイトを掛け持ちして資金をためた。

通常、移住を考える人が頼りにするのは、移住先の知り合いや各自治体の移住支援制度だ。ところが伊藤さんは、葛原正巳（くずはらまさみ）さんという地域おこし活動をしている工芸家に「住める家と稲作を教えてくれる人はいませんか」と、（知り合いでもないのに）直接連絡したらしい。葛原さんは嫌な顔ひとつせず、「農家さんもいるし家もあるよ」と対応してくれた。それなら、と移住した。

伊藤さんが25歳のときだ。といっても移住当初、稲作経験は皆無だったらしい。伊藤さんは伏し目がちにとつとつと話す。

「僕は誰か農家さんに教えてもらいながら、農作業を手伝わせてもらったりするところから始めようと思っていたんです。いざこちらに住んだら、葛原さんから『田んぼも農機具も無償で貸すから、とにかくやってみろ』と言われて、いきなり一年目の稲作が始まりました。葛原さんは今も貸してくださっています。そういう人の存在があるから、羽茂大崎は移住者が多いんだと思います」

手探りで始めた稲作

葛原さんはなぜか、稲作は教えてくれなかった。伊藤さんの話を聞く限り、葛原さんはあえて教えなかったようだ。伊藤さんが自分から農家に教えを乞うことで、地域となじむようにという配慮があったように感じる。

伊藤さんは農協の指導会や県の講座に参加して学んだり、近隣農家に教えてもらったりしながら稲作を始めた。最初の頃は収穫したコメを自ら軽トラックで東京へ運び、百貨店の催事に出店販売などもしたらしい。稲作は試行錯誤の連続で、なかなか思うようにいかなかったようだ。貯金を崩しながら生活していたという。

4反（たん）（40アール）から始まった田んぼはすこしずつ増えて、7年目の現在は3町（3ヘクタール）になった。自分から積極的に拡大しただけでなく、高齢になり耕作できなくなった地域の農家から頼まれて引き受けることも多くなったらしい。耕作する田んぼはどれも、山の中に点在する棚田ばかりだ。
「ひとりで全部やるのは大変じゃないですか」と聞くと、伊藤さんは
「はい、でもまあ慣れてきました。今年は出来が良かったです、たぶん天気がよかったと思う」と、なんだかあまり大変そうじゃない口調で言った。

「7年目ということですが、十分食べていけるようになりました？」

「うーん、ギリギリですかねぇ、去年やっと黒字になりました」

伊藤さんがすこし嬉しそうな顔したので、「おめでとうございます！」と言うと、

「いやでも、ここらへんで労力的に限界かなと思っています」と、真顔に戻った。

ここに至るまでの経緯を聞くと、尋常ならざる努力とかほとばしる情熱、といったスポーツや芸術の話に出てくるような単語が思い浮かぶ。ところが伊藤さんはこちらが拍子抜けするほど飄々（ひょうひょう）としていて、熱血漢とは無縁のように見える。どちらかといえば小柄で、全身黒づくめの格好に重ね付けのピアスをし、サラサラした長めの髪が目元にかかる。根暗なのではなく、シャイな人のようだ。

わたしは自分が伊藤さんに対して、「棚田を守るために熱い想いで活動する若者」という勝手な先入観を持っていたことを認めざるを得なかった。できるだけニュートラルな視点で話を聞か

なくては、大事なことを見逃してしまう。

「さっき田んぼを見せていただいたときに、地面のわらや土をかき分けたら、きれいな蜘蛛が たくさんいました。伊藤さんの田んぼは生きものが多いですか」

「どうですかね」と、伊藤さんはすこし考えてから、思い出したように話し始めた。

「よくわからなかったんですけれど、先日、田んぼの場所を変えたときに、無農薬の方が生きものが多いんだなとわかりました。無農薬の田んぼは一部です。でもすべての場所で農薬は7割減くらい、あと肥料を入れないところが多いです」

「農薬は何のために使っていますか」

「初期の害虫防除でちょっと。農薬もケチって、田んぼの外周に植える苗箱にだけ使って、その後は薬はまかないです。殺虫剤は高いですしね。節約と、環境的に農薬はなるべく使わないようにしています」

田んぼの害虫のひとつ、イネミズゾウムシは畦から泳いで田んぼの中へ入って、苗の根を侵食して大きな被害を出す。田んぼの外周の苗は被害が出やすいが、田んぼの中ほどはそれほどでもないから、外周の苗のみに対策するのだという。

農村を「守る」ということ

「ところで、移住したのは里山や農村を守りたかったからということですが、今は自分の中でどの程度までできている感じかしら？」

伊藤さんは「ええーっ」と困惑した顔をし、どうですかねぇと考え込んだ。

「スタートラインに立ったばかり、というところじゃないですかね」

「それはええと、黒字になるまで7年間、無我夢中でやってきたという意味？」

「というか…学生のときは、農村を守るために研究者になりたいと思っていました。けれど、農村の現場の人はどんどん減っていくのに、現場に立っていない人が発信をしても説得力がないし、それに感化されてやりたいと移住してくる人もいないだろうなと思うようになって…それなら自分が農家になった方がいいと思ったから、移住就農を目指しました。とりあえず自分が農村に住んで、農業をやって生計を立てていけるというのが最初のステップだと思ってやった。だからやっとそこが達成できたから、スタートラインに立ったところなんです」

そういう意味だったのか、とわたしが咀嚼（そしゃく）している間に、伊藤さんは、

「でも、もう守っていけないなとも思っているんですけれど」

と、さらっと言った。わたしは「えっ？」と聞き返した。

「さっき見た田んぼの水路は、山のもっと上のところにあるんですよ。一昨年までは、残っている家のみんなで掃除や草刈りをして、水路が詰まらないよう管理していたんですけれど、急にみんな、もうできないとやめちゃって。でも僕は借りている田んぼがあるんで、3キロの水路を一人で掃除しなくちゃいけない。だから自分が必要なところは守っていますが、地元の方々がみ

んなで集まって水路掃除をするという光景は、もう消えちゃったわけですよ。そこまで守れないですよね？」

そうですね、と相槌を打つしかない。

「だから、農村を守るといってもすべてはできない。形があるもの、命があるものはいつか必ず終わるじゃないですか。それは仕方がないことだと思う。それを僕が代わってでも維持していくことでいいのか、それとも何か別の形がいいのか、って考えるんですよ」

形を変えて続けていく

伊藤さんは「守るといえば、例えば」と、自分が作ったわら細工の馬を見せてくれた。絞張馬と呼ばれるこの地域だけに伝わるものだ。雄々しいたてがみをした馬で、ほうきの穂先のような、馬身よりも長い尾が特徴だ。今にも駆け出しそうな躍動感がある。

集落では、正月に男衆が集まって大きな絞張馬とわら草履を付けた「ハリキリ」というしめ縄を作り、小正月に村の境界に飾り邪気を追い払い、その年の無病息災を願ってきた。今では集落に暮らすのは2世帯のみとなった。伊藤さんは高齢の蝦名仁市・雪江さん夫婦から絞張馬の作り方を習った。蝦名夫婦が様々なわら細工のひとつとして作り続けるうちに形や大きさが変わり、民芸品として注目されるようになった。伊藤さんはそれをさらにミニサイズにしたりアレンジしたりして「遊んでいる」という。

この絞張馬に使う稲わらはエチゼンという在来種のイネだ。食味は悪いが、茎が長くて丈夫なため、わら細工に向く。羽茂大崎では鰕名家だけが細々と栽培してきたが高齢になり、移住者が引き継いだ。伊藤さんはその人から種を分けてもらい栽培している。

「伝統の絞張馬を守っているんですね」と言うと、伊藤さんは違うと言った。

「好きだからやっているんです。なくなるからやっているわけじゃない。だって、なくなるものはたくさんあるわけで、全部は守っていけないですよね。好きだから関わっていく、その結果残っていくだけだと思うんですよ。我々も今を生きているので、昔のことを残そうとすることだけが我々の人生ではないので」

わたしは言葉に詰まった。伝統工芸や伝統的な水田風景を守るべきだ、そう思ってきたけれど、携わっている人に自分の願望を押し付けているだけだったのかもしれない。

伊藤さんはわたしが手にしている絞張馬を示して言った。

「絞張馬はあのご夫婦がやめてしまったら、もうそれで消えてしまいます。でもこうやってサイズを小さくしてお土産の民芸品にしたりして、本来のものとはまた違った形で残るわけです。本来の姿形だけが素晴らしいわけではないと思うんです。鰕名さんのおじいさんが、『完成というものはないんだ』と言ってました。僕もそう思います」

「つまり、守ろうとして続いたのではなく、形を変えて続いてきたということですよね？」

「そう。消えていくから、という部分が原動力ではないと思うんですよね。好きだから関わって、結果として残っていくということだと思う。昔の形や今ある形が『完成』なのではなくて、また違う良い形に変化していったりすると思います。続けていけば、ですけど」

「ふうむ。でも小倉千枚田は守ろうとしなかったから、一度消えちゃいましたよね？」

「小倉千枚田も地元の人たちが復活させたんですよね。だとすれば、それは今の時代に残るために形を変えただけなんじゃないでしょうか」

自分らしく「今」を生きる

伊藤さんは農村や棚田の風景を守るために移住してきたわけだが、実際にそこで暮らしていくうちに気持ちに変化が出てきたという。地域に残ったおじいさんおばあさんたちから、稲作をはじめ、わら細工や農産物の保存加工など彼らが日常の行いとして続けてきたことを、暮らしの中で共に体験する。そこにはおじいさんおばあさんへの尊敬の気持ちがあり、体験する中で伊藤さん自身が楽しみや喜びを見つけている。

「昨日は鰕名さんと、コンニャク芋からこんにゃくを作ってました。すっごく楽しかった。そういう目の前の光景がすごく、毎日貴重だなと思います。それでいいなって」

と、伊藤さんは笑顔で言った。あまりに純粋で素敵な笑顔だったので、わたしはちょっと意地悪な質問をしたくなった。

「じゃあ、楽しくなくなったらやめるかもしれない？」

「そうですね、他に楽しいことがあれば。あっ、でもきれいな景色がないとけっこうキツイっすねぇ。きれいな景色がないと生きていけない…」

「伊藤さんにとってのきれいな景色って何ですか？」

「わからないです。ただ、移住したての頃は里山みたいに人の営みが存在する景色がきれいに見えたけれど、最近はそれが消えちゃったところもどちらもきれいだなと思います。昔の方がいいとか、そんなことを言っても仕方がない、だって現実は変わり続けているんだから。僕は今を生きているのに、昔のことをただ真似（まね）だけしてやる意味はないと思うんです。面白いと思ってやるならいいですけれど。やっぱりどちらかだと思う、昔の形のまま変わらずに消えるか、残る形に姿を変えて残っていくか」

この禅問答のようなインタビューは、わたしの心に見落としていたピースがあることを気づかせてくれた。彼とて食べていかなければいけないから、経済的効率や経済合理性を考えることは必要だ。やっと黒字になり、経営として安定し持続できるかは今後の課題だろう。ただ、そこではないところに彼の生き方がある。

彼がやってきたような新規就農のスタイルは誰にでも勧められるものではない。でも若い世代のひとつの在り方として、宵の明星みたいにキラリと輝いていると思った。

「てんてこ米」というのが、伊藤さんが自分が販売するお米につけた名前だ。ポーカーフェイスでてんてこ舞いしながら、今日も佐渡の山奥で稲作をしているだろう。

（3）新規就農と「おばあさん仮説」

「おばあさん仮説※（grandmother hypothesis）」という言葉をご存じだろうか。ふざけたネーミングに思えるが、世界的に認知されているれっきとした学説だ。

生物は基本的に、寿命と繁殖年齢がほぼ一致している。繁殖できなくなったら死ぬ。4千種を超える哺乳類の中で「閉経」をするのは極めて例外で、人間とコビレゴンドウ（クジラ）、シャチだけらしい。

人間が生殖年齢を超えてなお、老化を受け入れながら長生きをするのは、進化の上で有利な意味があるとされる。人間の子育ては非常に多くの手間と長い時間がかかる。そこで子どもが産めなくなった後も長生きして、生きるために必要な知恵を親子だけでなく、おばあさんから孫へも伝える。こうして「おばあさん」を大切にする集団が生き残り、長生きという身体的な性質も発達していった。人類は「おばあさん」の登場によって進化し、文明を発展させていったのではないか、というのが「おばあさん仮説」だ。

つまり、高齢者は無駄な存在なのではなく、ゆるやかな世代交代を促すために一定の価値と役割を持つということなのだ。

これは進化の話だが、新規就農の場面にも同じようなことが言えないだろうか。豊岡の安達陽一さんは祖父母の姿に影響を受けて、農業が好きになり、地元に戻ってきて就農した。佐渡の伊藤竜太郎さんもきっかけは異なるが、移住先で地域の高齢者たちをリスペクトし、共に暮らす中で自分の楽しみや喜びを見いだしている。

ほかにも祖父母の暮らしや農業との関わりを見て、就農を志したとか地元に戻ってきたという若者の話はいくつもある。そういえば、佐渡の生産者、齋藤真一郎さんの長男も祖父の影響からか、農業が好きで農業系の大学で勉強しているらしい。

「俺にはひと言も農業大学に行くなんて相談はなかったし、俺も農業をやれなんて言わなかったですよ。あれはじいさんの洗脳だよ。小さい頃から田んぼに連れていって『農業はいいぞ』と耳元でささやいたんだよ」

と、齋藤さんは冗談混じりで言っていた。

いや、冗談ではなく、若い世代にシニア世代は大きな影響を与えているのだ。経済効率を至上命題として心身をすり減らす親世代の生き方よりも、多少不自由でも自然と共存して暮らす祖父母世代の生き方に憧れる若者は少なくない。

とすれば、ここに新規就農者を増やすヒントがあるのではないか。シニア世代が若者に頼るのではなく、若者が楽しく暮らして農業をできるように手助けする。「おばあさん仮説」が稲作の現場で動き出せば、特に山間部など耕作放棄地となり絶えゆくのを待つばかりの稲作も、変化しながらゆるやかに世代交代し、維持していくことができるかもしれない。人間の進化のしくみを農業にも応用する、ぜひそうあってほしいと願う。

※「おばあさん仮説」については稲垣栄洋（ひでひろ）の『生きものが老いるということ～死と長寿の進化論』（中公新書ラクレ）を参照。稲垣氏は老化をイネの実りになぞらえ、「実りのステージ」と表現している。

第3章

コメ政策から水田農業政策へ

～農林水産省に聞く～

ここまで民間と地方自治体の取り組みを見てきた。コメの生産も流通もそれぞれの立場で悩み、もがきながら頑張っていることを感じていただけたと思う。それでは、お米を含む農業の政策・施策に直接関わる農林水産省はどう考えているのだろうか。平形雄策(ゆうさく)農産局長に話を聞いた。

1. 中央省庁の役割

インタビューに先立ち、中央省庁の役割について見ておきたい。

霞が関にある中央省庁は、国民との実質的な距離が遠い。国民が何か行政にお伺いを立てるとか申請するときは、たいてい県や市町村といった地方公共団体(地方自治体)になる。下世話な言い方をすれば、中央省庁は高級官僚が国のことを決めているエライお役所で、利害関係団体が陳情に行くことはあっても一般の自分たちには関係ないとか、庶民のことはあまり考えていない、などと思っている人は少なくないだろう。農林水産省の政策・施策を正しく理解するためにも、中央省庁の立ち位置と役割をあらためて確認しておきたい。わたしの理解ではこんな感じだ。

日本の行政の建て付けを把握するために、国の事務を地方自治体に委任している部分について、中央省庁を企業に例えてみよう。中央省庁が本社で、地方公共団体は支社のような関係になる。本社が会社の方向性や目標を定め、事業計画と予算計画を決める（中央省庁でいうと国家予算の獲得と配分）。支社はその方向性に沿って担当エリアの特性を見極めて、顧客と直接個々の取引をする。つまり、支社は原則的に本社の意向と違うことはできないが、その範囲内では結果を出す目的であれば、ある程度の裁量権がある。

さらに言うと、株式会社においては、所有と経営の分離という大原則がある。本社の経営陣が経営をつかさどるが、会社のオーナーは株主であり、株主の意向が企業の経営に反映される。中央省庁も同じだ。株主に該当するのが我々国民である。（日本は議院内閣制をとっているので、国会と内閣との結びつきが強く、厳密にいうと企業とはすこし違う。）

したがって、中央省庁は本質的に、国民の意に沿うことをする機関であり、中央省庁の官僚は国民のために働く公僕である、という輪郭がくっきり浮かび上がってくる。これを頭に入れて、先へと話を進めよう。

2. 需要に応じた生産を

農林水産省は他の省庁と同じく、幾度かの再編を経て現在の姿になった。出発点は明治維新後の1881（明治14）年に設立された農商務省。1978（昭和53）年に農林省・林野庁・水産庁が統合され、農林水産省となった。

省内も組織再編を重ねている。2021（令和3）年に大きな組織再編があり、農産局が誕生した。新しく設置された農産局は、これまで別々の部門で担当していた米・麦・大豆などの主要作物と、野菜・果樹・花きなどの園芸作物を併せて担当する。この再編から、コメをこれまでのように特別扱いするのではなく、農業全体の中で見ていくという方針に転換したことがうかがえる。

今回取材した平形雄策さん（58）は初代農産局長に就任した。まさにこれからの農業を形作っていく重責を担っている。その平形さんはコメをどんなふうに思っているのか聞きたいと思い、取材をお願いした。

農林水産省が入っている霞が関の中央合同庁舎第一号館は、1950年代に建てられたもので（改修工事が行われてきれいになりつつあるが）古めかしく、入り組んだ構造だ。訪問するたびに迷って構内図を見てうろうろしてしまう。入口でセキュリティーチェックを受けて入館し、局長室へ向かった。

局長室はエレベーターを降りてすぐのわかりやすい場所にあった。部屋へ通されると、広々とした空間に執務デスクと立派なソファーセットがある。部屋の片隅に、農産物加工品などの資料が置かれたコーナーがあった。

平形さんは柔和な笑顔で登場した。冒頭のおきまりの挨拶だけで、上位の官僚にありがちな壁を感じさせない人だと思った。とはいっても、取材の時間はかなり限られていたし、わたしはかなり緊張していた。事前に伝えていたのは、「コメ行政の今後の方向性について伺いたい」というかなりざっくりしたものだった。個々の具体的な施策については調べればわかることなので、あえて的を絞らず、平形さんの心の中をすこしでものぞきたいと思ったからだ。

生産調整と転作

まずは農林水産省が用意してくれた資料を見ながら、コメ行政の大きな流れから話が始まった。

「わたしは昭和39年の生まれなんですが、その頃がお米の総需要量（消費量）のピークでした。それまでは日本のお米は自給できていなかったんですね。ところが完全自給を達成し消費量がピークを迎えた後は、消費量が減り続けています。そこでそれにあわせるように、お米の生産を減らしてもらっています。ときどき豊作があると生産が過剰になり、在庫が溜まってしまいます。そうなると米価ももちろん下がるし、農業者の経営も厳しい環境になるので、できるだけ需要にあわせて生産していこうというのが大きな流れです。その一環として平成29（２０１７）年に、国が個人ごとに何トン作ってくださいと設定していた『行政による生産数量目標の配分』をやめました」

これは、それまでのいわゆる減反政策を転換したとして、コメ業界では衝撃を持って受け止められた。一般のニュースでも大きく取り上げられた。平形さんはこちらの理解度を測りながら、話を進める。

「どれだけの量を作るのが消費の最適なのか、どのくらいの価格に作るのが適正なのか、というのはお米に限った話ではありませんが、まさに市場で決まることです。市場に受け入れられるものをみんなで作っていかないと。消費者の方にも欲しいものがちゃんと届かないことになりますから、行政による配分というのをやめたんですね。

現在は翌年の生産量については、自分たちのお米がどれくらい売れているのか、つまり地元の在庫がどれくらい積み上がるかを見ていただきながら、それぞれ考えていただいています。でも消費量が減っていますから、お米以外の作物を作らなければいけなくなります」

「水田でお米以外のものを作る転作、ということでしょうか」

と、わたしは確認した。平形さんはうなずいて続ける。

「そうですね。水田はもともと、お米用に水を溜めるものですが、近年はそれだけでなく、汎用化という基盤整備の仕方をしています。畦(あぜ)の外にある栓を抜くと水が流れて、水田の水切りができるようになっていて、野菜も作れるようになっているんですね。

ですから、個々の農家もですが、産地自治体の中で、水田で主食用はどれくらいまで作って、それ以外の何をどれだけ作るか、つまり昔の言葉でいえば転作ですね。それを産地全体で話し合って取り組んでもらう。そういうのを地域でやってもらえればいいですね。

なぜかというと、例えば２ヘクタール土地を持っている人が、自分の土地だけで、１ヘクタールでお米を作って残りの１ヘクタールで麦・大豆・野菜を作るという形よりは、地域で協力して麦を作るところ、大豆を作るところ、野菜を作るところというようにある程度まとめて『団地化[※1]』した方がいいです。一人ひとりでバラバラに作付けすると、小さい面積であればまずコストがかかりますし、実は品質も悪くなる傾向があります」

ブロックローテーションによる水田活用

農林水産省ではこの団地化を進め、ブロックごとに、水稲を作る場所と、麦・大豆など他の作物を作る場所とに区切り、それを数年ごとにローテーションさせて作付けしていく「ブロックローテーション」を推し進めている。各自治体では、水稲以外の作物の選定やローテーションの期間、ブロックの大きさなどを現場の環境に応じて、具体的に策定して進めている。

ブロックローテーションについては、わたしが現場で聞く限りでは、産地によってうまく進んでいるところとそうでないところでかなり差がある。というのは、水稲は湿地の水田でよく育つが、一方で大豆や小麦は湿地が苦手だ。だから水稲と大豆をうまくローテーションできるかは、その土地の質や基盤整備の状況に依存する部分も大きいようである。

「農林水産省としては、やはりブロックローテーションを進めたいのですよね？」

「ええ、進めたいですね。やはり狭い日本の国土の中で栽培していくときに、団地化してやるのとバラバラにやるのとでは収量も品質も変わってきますので、できるだけまとめて作っていただきたいと思っています。でもそのときに耕地を固定化すると、麦や大豆や野菜は連作障害が起きます。そこをローテーションで水稲を作付けして水田になって水が張られると、そこにいる害虫や病気が減少するという利点があります。ですからブロックにしてローテーションすることで、連作障害を避けるだけでなく、化学農薬や化学肥料の低減にもつながります。収量と環境負荷のことも考えると、ブロックローテーションが多くのところで行われればいいなと思っています」

「それは水田の使い方を変えることになるので、水田が減っていくということでしょうか」

うまく表現できなかったが、水田が持つ里山の意義やダム機能も失われることにつながるのではないか、と気になったのだ。

「畑作物も実は水田のところが多いんですよ。小麦も半分は水田で作っています」

と平形さんが答えた。

「そうなのですか」と、わたしはかなり驚いた。

「十勝やオホーツクは完全に畑地ですが、本州の小麦の生産地の多くは完全な畑地ではなく、水田の中の、昔でいう転作、転換作物として作られているんですよ。

水田の維持という点では、こういうことがいえます。今現在、全国の水田の面積は約２３０万ヘクタールくらいあります。そのうち主食用米を作る水田は、１３０万ヘクタールくらいなんですね。ということは、主食用米を作る面積イコール水田の面積と考えると、１００万ヘクタールくらいが水田ではなくなってしまうんですよね。そこをブロックローテーションをして水を張る機能を維持しながら、いろんなものを作付けする。作付けは需要にあったものを選んでいただければと思っています」

少々わかりにくいので解説すると、水田面積には、主食用米やそれ以外の加工用米、[※2]新規需要米[※3]を作る水を張る田んぼと、水を張らずに麦・大豆・野菜などを作る田んぼも含まれる。つまりブロックローテーションは、水を張る田んぼと水を張らない田んぼを輪作する枠組みで活用するということだ。

「5年ルール」と水田農業政策

ここで、最近問題視されている「5年ルール」の導入について聞いた。

農林水産省はコメの転作助成のひとつの柱になっている「水田活用の直接支払交付金」について、２０２２年度から、以後5年間に一度もコメを作付けしない農地を対象から外すとした。これまでは用水路や畦があるなど水稲の作付（さくつけ）ができる、すなわち水を張ることができれば、復田の可能性があるとされ支給対象になっていた。ところが２０２７年以降は、こうした農地は畑作が定着したとみなされて対象から外される。ブロックローテーションによる水田活用を進めたい農林水産省としては当然の帰結だろう。消費者から見ると真っ当な判断に思えるのだが、生産者にとっては大問題で異論が噴出している。

「5年ルールは、自分たちは完全に畑地化に舵を切るのか、それともローテーションしながら、他の作物を作りながら水田の機能を維持していくのかを選んでいただけるようにしているんですね」と、平形さんは言った。口調はソフトだが、要するに畑作化するかローテーションするか、決断を迫っているわけである。

助成金を頼りにしてきた人たちには気の毒ではあるが、残念ながら国家予算は厳しくなるばかりだ。何も変えずに、今までと同じことを続けるのは許されない時代になったのだ。農林水産省の予算だって限られている。平形さんは続けた。

「水田としての水張り機能を維持するというのはすごく大変なんですね。ローテーションして畑作物で水を使わないときでも、水路は放置すれば、詰まったり経年劣化したりします。その大変なところを維持しながらも、水稲と他の作物を回しながら作付けしていくところには水田活用というお金の対象にして支援します。でも、もう完全に畑地化しようというところに関しては、畑地化するための支援策を考えていかなければいけない、というふうに思っています」

ああ、やっとわかりました、と思わず口走ってしまった。わたしとて農林水産省の資料やその他いろいろ読んでいるのだが、どうもすっきり理解できなかったのだ。そんなわたしの表情を見て平形さんは、

「そういうことを産地で進めていってもらうというのが今の政策で、お米政策というよりも、水田農業の政策というものなんですね」と言った。

コメ政策から「水田農業政策」へ。たしかに現在、農林水産省が打ち出している施策はそのキーワードで考えるとわかりやすくなる。

例えば「新市場開拓に向けた水田リノベーション事業」という施策がある。麦・大豆や米菓などのコメ加工品、あるいは輸出など、新たな需要の拡大が期待されているものを、産地と実需者（食品メーカーや卸売業者など）が連携して行う取り組みを支援する。

このように農林水産省は、需要が減少している主食用米から需要のある作物を定着化させて産地化していく地域を支援し、水田農業全体での経営の安定を目指している。

需要に応じた生産

お米はこれまで主食たる主要作物として、いわば特別な扱いで保護されてきた。もちろん今も主要な作物であることは変わりない。けれども、これからは保護される立場から、自分たちで考えていく自立的な立場に転換していかなくてはならない。

「お話を伺うと、水田として残るところと畑地化するところが出てくるわけですが、今後、十年二十年先はどんなイメージになるのでしょうか」

と聞くと、平形さんは「いやぁ、そこはお米がどう食べられるか、というところによるのではないでしょうか」と言って続けた。

「今、主食用米の需要は減り続けていますが、このまま減って小麦以下になるのかどうかはわからないですよね。もしかするとお米はどこかで底を打って、生産をある程度、下げなくてもいい時代が来るかもしれません。日本人がどう食べていくかだけではなくて、輸出もありますし、小麦代替の商品がどれだけ開発されるかにもよるのではないかと思います」

「ということは根本的なことを言えば、国民の側に預けられているということでしょうか」

「というよりも、国がこうしようと言ったら国民が全部ついてくるわけではありませんよね。国の政策は国民の需要を追いかけるように、作付け転換をして変わってきました。『需要に応じた生産』というのはお米以外も含めて、すべての農作物に言えることです。その需要を喚起するために民間では、商品開発や品種改良、作り方や機械の技術開発など、お米だけでなく小麦も大豆も乳業もみなさんそれぞれ頑張っています。そうした取り組みが成長するまでの後押しをするのが、行政の仕事だと思っています」

「なるほど、『需要に応じた生産』とは、一人ひとりの食べ方というところまで含めた考え方なんですね？」

「そうです。とはいえ、需要はひとりでに生まれるものではありません。例えば最近、お米を食べると太るとか、高齢者の方は肉を食べると長生きしてお米を食べると長生きしないなどと言われますが、いやそんなことはないんですよ、と正していくのも国の仕事です」

ここはもうすこし聞きたかったのだが、取材に許された時間は残り少なくなっている。どうしても聞きたいと思っていたことに話を移すことにした。

※1　作付けの「団地化」…所有者の異なる耕作地をまとめて、農業機械などの耕作の作業を中断せずにできる広さに集めて、作付け、管理、収穫等を行うこと。

※2　加工用米…お酒（酒造好適米を除く）、味噌、米菓などに使うコメ。

※3　新規需要米…主食用米や加工用米以外で、国内の主食用米の需給に影響しない用途のコメ。飼料用米、米粉用、WCS用稲、わら専用稲、新市場開拓米（輸出用米やバイオマス用米など、申請すると新規需要米として扱われる）など。新規需要米については助成制度があり、農家は主食用と組み合わせて作付けすることが多い。

3. 未来に向けて、有機へと大きく舵を切る

コウノトリの豊岡やトキの佐渡の事例から、有機や減農薬の米づくりが生物多様性を守ることがわかってきた。他方お米屋さんに聞くと、この二十年間くらいで、有機や減農薬のお米を選ぶ人が明らかに増えたという。興味深いのは、有機や減農薬の方が安全だからという理由だけでなく、環境への影響を考える消費者が増えていることだ。こうした傾向をどう思うか聞くと、平形さんは次のように答えた。

「やはり有機農産物や減農薬栽培は、健康にいいとか安全だというよりは、環境負荷が小さいということがいいところだと思います。農薬を使わない（あるいは減らす）と雑草も生えますし、虫も湧きます。

けれど、そもそも人間も環境の一部であるから、環境を維持することが、人間が永続するために必要だと考える人が多くなってきて、そういう方々が有機を選んでいるのだろうと思います。環境を維持する活動の中に自分も参加する、という意識で購入されているのではないでしょうか」

みどりの食料システム戦略

農林水産省は2021年5月に、「みどりの食料システム戦略」（みどり戦略）を発表した。その中で2050年までに、有機農業の面積を全耕作面積の25％に拡大するという大胆な目標を掲げている。この点について聞いた。

「これまで農業政策は基本的に、自給率の向上を目指していたと思うのですが、『みどり戦略』では環境に負荷をかけない農業という方針を打ち出しましたよね。大きく転換したのかなと思いました」

「そうですね。自給率の向上は命題としてもちろんあります。ただ、これまではいいものをできるだけ多く作るという方向性で突き進んできたわけですけれど、このままで五十年後も百年後も今の状態を維持できるかというところで、ちょっと待てよと。持続可能な自給率向上になっているのだろうか、という視点を入れたのが今回の『みどり戦略』です。地球環境の維持やＳＤＧｓに、農業政策としても貢献できるところがあると思っています」と、平形さんは淡々と言った。

この「みどり戦略」は農業関係者に非常に大きなインパクトをもたらした。なぜなら現状では、有機の耕作面積はわずか0・6％にとどまっているからだ。実情を無視した無理な目標だとか、欧州の「Farm to Fork」戦略の真似(まね)をした残念な中身だなどと散々な言われようである。

わたしもみどり戦略の概要は読んだ。さらに、ある研究会でみどり戦略の政策立案担当者の講演を聞く機会もあった。しかし、そうした中でわたし自身は、実のところ批判的な立場の人たちが言うようなことをさほど感じなかった。むしろ、深い情熱と未来志向の立体的な世界観を持って立案したことに感動したくらいだ。

ただし、現状では目標値を実現するのは相当難しい。耕作面積の54％を占める水田の有機化がカギになるだろう。現状ではコメの総生産量のうち、有機ＪＡＳの割合は0・1％しかない。けれどもこれまで見てきたように、減農薬栽培や有機農業を目指す人・支持する人は確実に広がりを見せている。熱量はマグマのように溜まっている。

みどり戦略が絵に描いた餅になってしまうのかどうかは、生産者・流通業者が「持続可能な農業」を目指すかどうかにかかっている。もっと言えば、生産者・流通業者だけではない。それ以上に消費者がそれを望むかどうかだ。なぜなら消費者が望まないものは作れないからだ。問われているのは国ではなく、わたしたちの姿勢ではないだろうか。

有機農業転換への課題

以前、有機稲作に関係する人から、農林水産省が変わってきているという話を聞いたことがある。若手や中堅の職員と話をすると、自分が思っていた以上に有機への熱い想いを感じるというのだ。省内の雰囲気が変わってきているのか聞くと、平形さんは「そうですね」とにっこりした。

「農業だけでなくて、グレタ・トゥーンベリさんのような若い世代の方が出てきて、本当に現代社会はこのままでいいのだろうか、という議論がありましたよね。COP（気候変動枠組条約締約国会議。地球温暖化対策の国際ルールを話し合う国際会議）もありました。EUなどが宣言をしていく中で、やはり我々も日本としてそういう視点を取り入れていかなければいけないんじゃないだろうか、という想いを職員みんなが沸々と持っていたと思うんですよ。

それと今は、昔よりも農産物の輸出も多くなっています。そのときに、日本の農産物がいくらおいしくても、従来のような作り方をしたものにグローバルな需要があるだろうか、という疑問もあります。他の国がこれだけ環境負荷のことを考えた生産をしている中で、日本も世界市場をある程度意識した作り方をする必要があると思います。感情的、情緒的なことではなくて、ちゃんと売っていく、商売としてやっていく上では、こういった視点がないと長続きしないということです」

平形さんは、エモーショナルな意味だけじゃなくてですよ、と強調して一瞬、厳しい視線を向けた。わたしは、わかっています、と言う代わりに大きくうなずいた。

「ただこれに関しては、一人ひとりの生産者の方や流通業者の方、みんなが『そうだね』と一気になるかというと、まだまだ転換していただくのはものすごく難しいですね。目標を持っていますけれど、ほんとうに一年一年という感じです。すごく重い船をやっと押している感じがありますね」

と、平形さんは両手をぐいっと伸ばして船を押す仕草をした。そのしんどさといったら尋常ではないだろう。わたしはすこし胸が苦しくなった。

「特にネックだなと思っていらっしゃる点は何ですか」

「労働だと思います」と平形さんは即答した。

「有機の市場がないかというと決してそうではないです。けれども今、有機をしている方が例えば50歳で元気だとしても、雑草の手間を考えると、70歳や80歳になってもできるかというと、ちょっと無理かなと思われるでしょう。生産のところでいうと、そういう労働の部分です。

値段が2倍3倍になればという話もありますけれど、そこまでの価格差は流通でも出ていません。それは日本以外の国でも言えることで、外国では大きなグローサリーストアではたいてい、日本よりも有機の農産物を置いていますが、値段がすごく高いかというとそんなことはない。普通よりもちょっと高いかな、というくらいなんですよ。それでも労力はやっぱりすごくかかっている。日本よりも病気や虫の発生がずっと少ない欧米の畑作地帯でもそうなのです。

それに対してアジアはモンスーンでこんなに高温多湿ですから、昆虫からしてみたら、おいしいものがたくさんある地域というわけです。雨がたくさん降れば、どうしてもその後に病気もたくさん発生します。日本にはそういう難しさがあります。だから、市場というよりは、労力のところがいちばんネックになっていると思います。そういう意味でいうと、どこかでイノベーションが必要であるとすると、コスト以上に労力のところだと思います」

「日本全体が高齢化して総人口が減っていくのですから、就農人口も減っていきます。そこをイノベーションでカバーしていくということになるでしょうか」と、わたしは確認した。平形さんは「そうです」と続けた。

「『みどり戦略』はいい目標なのですが、どこかで画期的な技術革新がないと実現は難しいなと思っています。それはもしかすると、高額の難しい機械じゃないかもしれない。もうすこし手近なことかもしれません。そうかといって、ゲノム編集やGM（遺伝子組み換え）農作物を日本の消費者がどれだけ受け入れるかというと、特にGMは日本では難しいところがあります。ですから今の日本の進み方でいうと、機械なのかそれとも違う形なのか、とにかく労力をできるだけかけないものを開発していくことが、官民挙げて大事なことだと思っています」

4. 課題と地方自治体への期待

そろそろまとめの質問をする時間だ。

「平形さんの局長時代に、特にどこを大事にしていきたいですか」

と聞くと、間髪を入れず答えが返ってきた。

「『需要に応じた生産』ですね。この農産局という組織は去年、新しくできました。それまでは穀物の関係は食糧庁の頃からの流れで、政策統括官が所管していました。そこと、野菜・果樹・花きなどを扱っていた生産局という組織が、ついにひとつの局になりました。そういう意味でいうと、穀物も園芸作物もすべてこの局になったんですね。ですから、この局として耕種農業という広いくくりでの一貫した政策をとっていきたいなと思っています」

やはり農林水産省としてのスタンスが変わったのだなと感じた。

「先ほどもお聞きしましたが、『需要に応じた生産』とは、一人ひとりの食の選び方や食べ方まで含める、つまり消費までを含めた一体感のあるものとして捉えていくということですね。今のお米にはなかなかそれがないように思います」

「それはですね、」と言って、この取材で初めて平形さんはひと呼吸置いた。

「どこかでシグナルが切れてしまう感じなんですね。例えば野菜でいうと、卸売市場に不特定多数の人が品物を持ってきて、不特定多数の人が買うという仕組みになっていますよね。それに対してお米は、どこでどれくらい作られているのかをみんな長年の経験でわかっているので、今では事前契約も半分くらいあります。

そういう意味では『こういうのが欲しい』というのが生産側に伝わりやすい構造のはずなんですが、なぜかあまりうまくマッチしていない。それで、スマート・オコメ・チェーンコンソーシアム[※4]を構築して、生産から販売までのデータを連携して、そうしたシグナルをできるだけつなげられないかなと思っているんですね。

野菜だったらみなさん、買うときに手に取っていろいろ見ますよね。でもお米は卸売や生産者が誰かとか、どんな作られ方なのかとか、ほとんど誰も気にしていない。例えば『北海道産ななつぼし』という品種名と価格だけを見て買う。差別化がまったく足りていないと思うんですね」

たしかにそうだと思った。同時に、取材した人たちの顔が思い浮かぶ。食味や無農薬栽培にこだわるなど特徴を出して差別化を図り、実績を上げている生産者たちの例を話すと、平形さんは立ち上がり、部屋の隅にあった有機農産物・加工品の展示コーナーを指した。どうやら農産局を訪問した人たちが持ち込んだものなどを、資料として並べてあるようだ。それらを示しながら言った。

「例えば、この生産者さんは地域の人を取り込んでいいお米を作っていますし、あの町では行政の施設として『たい肥センター』を作っています。それぞれの現場から素材を集めてたい肥を作り、それをみんなで使って、地域として化学肥料を減らす取り組みをしています。農協主導でなくても、地域としてまとまって産地を作っていく、というのもひとつの形なんじゃないかなと思います。そうやって点が面になっていくとすごく広がりが出てくる」

「そうなると、小さい単位の行政が元気にがんばることが必要になりそうですね？」

「そうですね。全国には１７００もの自治体があるのですが、農水省がモデルを決めるとなると、示せるのはせいぜい10くらいのタイプ。そうすると１７０も同じような自治体ができてしまう。それは面白くないですよね。やっぱりみんなそれぞれの環境の中で特徴を考えてもらうのが、知恵の集結につながると思っています」

終わりの時間が来た。

「いいお話を伺えました。ありがとうございました」と言うと、平形さんは「いえいえ」と表情を緩めた。

「いろんな人から批判されるんです。いつも、そうだなって思いながら、変えていくべきものはすこしずつ変えていく、少なくとも自分はそういうふうにやっていきたいなと思っています」

わたしは緊張感の代わりに、期待と希望という新しい感情を胸に抱いて省庁を後にした。

※４　スマート・オコメ・チェーンコンソーシアム…２０２１（令和３）年に設立。コメの生産から消費に至るま

での情報を連携させるスマート・オコメ・チェーンを構築するためのコンソーシアム（協会・連合）。スマート・オコメ・チェーンを活用した民間主導でのＪＡＳ規格制定を進める。生産者、流通事業者、実需者、関連企業、消費者団体、地方公共団体などが参加可能。

変化する中央と地方の関係

平形さんの話から、農林水産省が地方自治体の役割を重視していることがうかがえた。地方自治体と中央省庁の関係に詳しい、駒澤大学法学部教授の田丸大（だい）さんに話を聞いた。

「かつては通達で（悪い言い方をすると）がんじがらめにしているところがあったのですが、現在は省庁を問わず、地方自治体の裁量権を尊重して選択肢を提示する方法に変わってきています。ただ現実的には、予算を通じて国がしっかり手綱を握っています。国から出るお金については、国の方針に沿った計画書を作成させることで、その事業を支援するという形をとることが多いです。

地方自治体の裁量権については、例えば新型コロナウイルス対策を見てもわかりますよね。大枠は厚生労働省が決めていますが、県が独自に決めている部分も大きい。

このように最近は、地方自治体が独自色を強めた政策を進めることがあります。これはその方が、より自治体住民の利益にかなうという視点からです。地方自治体の役所や議員・首長も地域住民の代表であり、その意向を反映しているということですね」

農業政策もこうした方法で進められているようだ。

平形農産局長の取材には後日談がある。

取材時に手土産代わりに、ある特別なお味噌を持参した。これは豊岡市の根岸謙次さん（第３章３）が無農薬栽培したお米と大豆を材料に、大阪の老舗の糀屋(こうじ)が仕込んだものだ。これはまだ一般的な販売ルートには乗っていない。根岸さんは自分の圃場(ほじょう)の一部で、コメと大豆を交互に作っている。いわば、ミニブロックローテーションから生まれた農産物加工品なので紹介したいと思ったのだ。

取材から数週間後、根岸さんから連絡があった。

「平形農産局長が、近畿農政局の方々とお見えになったんですよ」

あのお味噌がきっかけで、丹波篠山(たんばささやま)市の視察と合わせて、根岸さんとＪＡたじまを視察したらしい。平形さんはかつて、兵庫県に農政課長として出向していたことがある。

根岸さんによると、平形さんが圃場を視察しているちょうどそのとき、隣の田んぼからコウノトリがばさっと音を立てて舞い上がった。七月下旬の青々と茂る田んぼにひらりと舞う、白くて大きなコウノトリはさぞかし映えたことだろう。一行は間近で見るコウノトリに、「我々を歓迎してくれたのか！」と大いに喜んだらしい。本当は毎日飛来しているのだが、それはともかく、いいタイミングだった。

「平形さんがコウノトリを指して『あんなに大きかったら、餌もたくさん要りますよね』というので、わたしは言ったんですよ、『ほら、局長の足元にいるじゃないですか』って」

驚いた平形さんの足元で、オタマジャクシから変態したばかりの小さなアオガエルがぴょんぴょん跳ねた。

「いい視察になったみたいですね」とわたしが言うと、根岸さんはしみじみと言った。

「有機を始めた20年前は、わたしらは変人扱いされたことを思うと、ようやくここまで来たかと思いましたね。戦後80年で農業も大きく変わるんだなと、すごく感じましたよ」

そういえば、農林水産省の採用パンフレットにはこんな言葉が載っている。

——この国の食をつなぎ、環境を支える。

未来へ向けて、わたしたちの挑戦はつづきます。

行政と農業関係者の心に灯る小さな挑戦の明かりが、すこしずつ広がることを願ってやまない。

第4章
需要を創出するには何をすべきか？

農林水産省のいう「需要に応じた生産」が容易ではない原因は何か。いろいろなことが考えられるが、根源的なものとして考えられるのは農家の気持ちだ。稲作農家は誰でも、自分たちは主食たるコメを作っている、という自負がある。農家の話を聞くと、ああ、この人たちは根っからのお米好きなんだな、といつも思う。みんなお米を作りたいのだ。できることなら、他の作物なんか作りたくないのだ。

そのコメへの強い想いから改善を重ね、生産効率を上げ、品質のいいお米がたくさん穫(と)れるようになった。それなのにコメの消費量は落ちていく。何と残念なことか！

需要なきところに生産は要らない。このギャップを埋めるには供給を少なくする、あるいは需要を増やすしかない。どうしたら需要が増えるのか。

一人当たりのお米の消費が減っているだけではない。日本の人口はこれから加速度的に減少していく。２０２２年の日本の総人口は1億２３００万人。13年連続で減少している。２０５０年には現在の8割にまで減り、1億人になると予測されている。

今のまま放置していたら、需要はどうなるのか。悲観的な気持ちになるが、思い出してほしい。パナソニックの桔梗(ききょう)さんは、「どれだけパン食が増えようとも、お米をまったく食べない人が日本国民の半分を占めるということは、まずない」と断言した。農水省の平形さんも、お米の需要減退は小麦以下にならずにどこかで底を打つだろう、と考えているようだ。

未来を予測することは困難だ。それでも最悪の事態に陥らないように、今よりすこしでも良くなるように、手を打っていかなければならない。手遅れになる前に。
どんな方法があるのか、コメ業界の内外から探った。

1. 外食中食と冷凍食品が支えるコメ需要

平成・令和の時代で、わたしたちのお米の食べ方は大きく変わった。単身世帯や共働き世帯が増え、簡便な食を求める傾向が顕著になった。お米を家庭で炊飯して食べる人の割合は年々減り、代わりに中食（なかしょく）・外食でお米を食べる割合が増えている。令和に入ってからは、コメ消費量における中食・外食の割合は3割を超えている。これは昭和60年のほぼ倍だ。

『2021年版　惣菜白書』によると、スーパーやコンビニで購入するお惣菜では、お弁当やおにぎり、握り寿司・巻き寿司など、ご飯ものを選ぶ人が多い。惣菜市場における米飯類の割合は40％を超え、4兆2400億円の規模になっている。

一方、パックご飯（無菌包装米飯）の市場も拡大を続けている。日本食糧新聞によると、2020年度出荷ベースの市場規模は793億円で、5年以内に1千億円市場に成長するとの予測だ。調理の簡便さや保存性の高さから需要が拡大する傾向だったところに、コロナ禍で家での食事が増え、パックご飯の利用が増えたようだ。

このように「ご飯を食べたい」という欲求は依然として強いことがわかる。ただ、食べるスタイルが大きく変化している。そこを捉え、売り上げを伸ばす企業を取材した。

(1) ライスバーガーを開発したモスフードサービス

最近、ライスバーガーがじわじわと人気を集めている。ライスバーガーの元祖であるモスバーガーに続き、マクドナルドも2020年から「ごはんバーガー」を期間限定発売。原宿や福岡では専門店が現れ、様々な食品メーカーが冷凍のライスバーガーを発売し、インターネットのレシピ検索サイトでもライスバーガーは大人気だ。

モスバーガーのライスバーガーが誕生したのは、1987(昭和62)年だった。2022年で発売35年。固定ファンをがっちりつかみ、定番商品の主役ではないものの、長年安定して売れるロングヒット商品になっている。

(株)モスフードサービスの商品開発グループリーダー・永野志津夫さんによると、ライス部分の開発には相当苦労したらしい。ご飯をバンズ(ハンバーガー用のパン)の形に成形しただけでは、食べるときにバラバラになってしまう。そこで、国産米をスチーム炊きしてバンズ型に成形し、ご飯の表面にしょう油を噴霧してオーブンで焼成するという方法を開発した。この焼きおにぎり方式によって崩れにくくなり、しかもご飯の甘みや食感といったおいしさも十分に引き出すことができるという。

モスバーガーのライスバーガーが他社と大きく異なるのは、ライスバーガー専用の具を開発しているという点だ。永野さんは、「ご飯にはご飯に合った味がある」と言う。これはモスフードサービスの根底に流れる姿勢、「日本の食文化を生かした商品をつくる」という考えにつながる。モスフードサービスの創業者は、アメリカで出会ったハンバーガーをモデルに、ミートソースを使ったモスバーガーを考案した。アメリカのミートソースは辛いチリソースだったため、日本人の味覚に合うミートソースを開発したという。

「ライスバーガーを通して、お米のおいしさをあらためて感じる機会をご提供できればと思っています」と、永野さん。

モスバーガーの利用者は男女比では若干男性が多い。ところがライスバーガーの中でもオリジナルの塩だれを使った海鮮かきあげは、購入者の６割が女性で50代以上が多い。この層はパンを好む傾向がある※ことを考えれば、眠っているニーズを掘り起こしているといえそうだ。

※青柳斉『米食の変容と展望』（筑波書房）によると、50代以上の中高年層は米消費を減らす傾向が顕著である一方、小麦類の摂取量はおおむね増大傾向にある。特に50代の女性は同年代の男性よりも小麦類の摂取比率が非常に高い。

（2）人気商品の冷凍炒飯を大規模リニューアルしたニチレイフーズ

家庭用冷凍食品の2021年の市場規模は4千億円（一般社団法人日本冷凍食品協会のデータ。数値は生産金額）。冷凍米飯も2015年以降続くチャーハンの伸びが牽引（けんいん）し、市場規模の拡大が続いている。2022年の市場は931億円と予測されている（富士経済グループによる分析）。

（株）ニチレイフーズの主力商品「本格炒め炒飯®」は発売以来21年間連続で、冷凍炒飯カテゴリーで売り上げ第1位を守っている。2017年に年間売り上げ100億円を突破した。

同社マーケティング部広報・笹嶺舞依子（ささみねまいこ）さんによると、発売当時の2001年までは、冷凍炒飯といえば、中華風混ぜご飯のようなものがほとんどだった。そこへ新発売された「本格炒め炒飯」はパラっと炒めた業界初の炒飯で、冷凍食品業界に大きなインパクトをもたらした。

発売15年目の大規模リニューアルでは約30億円を投資し、従来の「冷凍食品としておいしい炒飯」ではなく、「プロの味を家で食べる」という新しい価値を創ることを目指した。中華料理店のシェフが鍋を「あおる」ことに着目し、250度以上の熱風を吹きつけて炒める特許製法技術「三段階炒め製法」を開発した。また使用するコメは、北海道産の一等米を100％使用している。

それにしてもコメ離れの時代にあって、なぜ冷凍米飯が伸び続けているのだろうか。笹嶺さんは、「冷凍炒飯だけでなく、冷凍おにぎりも大きく伸びていることから、好きなときに好きな量を使える便利さが、今の消費者のライフスタイルに合っているのだろうと思います」と言う。

今後の課題について聞くと、笹嶺さんはこう言った。

「冷凍食品が便利でおいしいのは、もう当たり前になっています。これからは、プラス健康価値につながる商品が求められると考えています。また、若い世代への訴求も今以上に必要です。例えば、冷凍炒飯をよく食べる高校生でも、自分がどこのメーカーのなんという商品を食べているのか知らない場合が多い。そうした層にも認知度を広げていかなくてはいけないと思っています。以前はテレビＣＭなどが多かったのですが、ＳＮＳや動画などオンラインを活用したり、高校生のスポーツイベントのスポンサーになるなど、若い世代に認知が広がるよう努めています」

冷凍炒飯の売り上げ日本一に安住せず攻めるニチレイフーズの姿勢は、コメ業界にも大いに参考になると思う。

2. 生産と消費の距離を縮める「体験」から需要喚起

かつて、人々の暮らしの中に田んぼがあった時代は、田植えや稲刈りは身近な風景だったし、米屋も八百屋や魚屋と並んで親しみのある買い物先だった。今では６割以上の人が、スーパーや生協などの小売店でお米を買う。[※1] 袋詰めされている白いお米がどうやってできているか、すなわち稲刈りは知っていても、脱穀・乾燥・もみすり・精米という工程[※2]を知らない人は多い。

一般の消費者だけではない。ある生産者からはこんな話を聞いた。コメを購入した飲食店の店主から、「お宅のコメはなんでこんなに茶色いのか、古いコメを売っているんじゃないのか」とクレームの電話が来たというのだ。慌てて注文票を確認すると（そもそも古米は販売していない）、店主が注文したのは玄米だった。店主は玄米を「健康にいいお米」という品種（白米）だと思っていたらしい。笑い話のようだが、実際にあった話である。

こんな状況では消費者のコメへの関心は高まるはずもない。コメの需要減退はこうした生産と消費の著しい乖離（かいり）（食と農の分離）も一因といわれている。その距離を埋めようとする人たちに話を聞いた。

※1　令和2年公表の農林水産省「米の消費動向に関する調査の結果概要」によると、お米の購入先の64％がスーパーなどの小売（生協含む）、親戚からの譲渡18％、インターネットショップ12％、ふるさと納税5％、お米屋さん5％未満となっている。

※2　稲刈り→脱穀（稲穂からもみ【籾】を分離する。農家はコンバインで、稲刈り・脱穀・もみとわらくずの選別を一度に行う）→乾燥（昔ながらの方法は「はざがけ」、現在は乾燥機を使う）→もみすり（もみすり機にかけてもみ殻を剥（む）いて玄米にする）→精米（玄米からぬか【糠】と胚芽（はいが）を取り除く）

（1）原宿から食育活動を続ける米穀店

メディアでも活躍する五ツ星お米マイスターの小池理雄（ただお）さん（50）の店、(有)小池精米店は東京の原宿・表参道で唯一の米穀店だ。

創業は1930（昭和5）年。原宿は戦前・戦後しばらくは、今とはまったく違う街だった。木造の民家が密集し、商店街が栄え、小池精米店のあるエリアは「おかず横丁」と呼ばれ人々の胃袋を担っていた。ところが1964（昭和39）年の東京オリンピックを機に街並みは一変。昭和10年代頃まで子どもたちが遊んでいた渋谷川は地下水路として埋設され（暗渠化（あんきょか））、道路が整備された。80年代後半にはバブル景気の波に飲まれ、高級ブランド店や個性的なショップ、飲食店、美容院が乱立。地価が異様に高騰し、住民は他の土地へと消えていった。

現在、小池精米店のお客の大半は飲食店だ。父親の代までは地元客中心だったのを、2006（平成18）年に継いでから、飲食店の営業に力を入れ、顧客層をすこしずつ変えていった。それと同時に始めたのが、一般向けのお米のワークショップだ。いわば大人向けの食育である。小池さんは、炊飯器やパックご飯で便利になった反面、消費者のお米への関心が非常に薄れていると危機感を募らせる。

「お米が生鮮の食材だということや、炊飯が料理だということを忘れているんですね。でもこれは伝えてこなかったコメ業界が悪いと僕は思っている。だから一般消費者向けでも飲食店向けでも、やることはまだまだたくさんあります。そういう意味でも、お米は『古くて新しい商材』なんですね」と、小池さんは言う。

子ども向けの食育としては地元の保育園で毎年、バケツで稲を育てるワークショップを開いている。苗を植え、稲刈り、脱穀、もみすりまで子どもたちが自分の手で行う。本物の田んぼに触れたことのない都会の子どもたちは、興味津々で熱心に取り組むという。これは子どもだけでなく、親や保育園の先生たちなど大人にとっても、お米に興味を持つきっかけになっているようだ。

小池さんがワークショップで心がけているのは、楽しいこと。理屈抜きの感情がいちばん大事だと言う。

「お米の食育は『お米に関心を持ってもらうこと』が最終目標です。特に将来のお米の消費拡大のためには、人口の多い東京でこそ、子どもたちへの食育活動を地道に実施すべきだと思います」

流行の発信地にいるからこそ、消費者や飲食店の動向がよく見えるのだろう。興味深いことを教えてもらった。コロナ禍を生き延びた飲食店でお米にこだわる店が増えており、小池精米店の取扱量も右肩上がりらしい。さらに、ラーメン屋、とんかつ屋、ハンバーグ専門店などでおいしいお米を「売り」（セールスポイント）にしているところも出てきているとか。

「お米人気、来ますかね？」と言うと、小池さんは「来ますね、来てほしいです」とにっこりした。

（2）食イベントで消費者を産地に呼び込む生産者

三重県津市の郊外にある大里東睦合（おおざとむつあい）地区は、古くは「田井郷」と呼ばれ、千年以上も存続してきた集落だ。（株）つじ農園の園長（社長ではなく園長と呼んでいるらしい）の辻武史さん（45）は、ここで「無限めし」と名付けられたご飯を食べるイベントを、定期的に開催している。

辻さんは精密機械メーカーを経て、２０１６年に兼業農家だった実家を継いで就農し、経営を農業専業に変えた。農業の傍ら三重大学大学院で農村の持続性の関係要因を研究しており、その実証を兼ねて、農園に多種多様な人が集まる仕組みを構築しているらしい。

「無限めし」イベントは参加費を払えば、つじ農園のお米を炊いたご飯が食べ放題になる。会場には地域の商店や人々が出店し、様々なご飯のおかずや雑貨、手作りアートが販売され、子ども用にヨーヨー釣りやゲームコーナー、学術発表会や地元ミュージシャンによるミニライブもある。さながら、ご飯を食べて遊ぶお祭りだ。参加者は県内外、様々なところから来る。当初は辻さんの知り合いが中心だったが、最近ではつじ農園のお米の購入者も参加、リピーターになっている。

イベント効果について辻さんはこう言った。

「ある地域で開催したときに会場を貸してくれた方と後日、話す機会があって、こんなことを言われたんです。『今まで全然思わなかったけれど、あのイベントのあと、やっぱり農業とか農村、農家、お米のことを考えるようになりました』と。当日はそんな話は一切しなかったんですけれどね。

社会学の人が、『人は楽しければ正しくないこともするよ、でも正しいことを正しいんですといくら言っても、面白くなかったら誰もやらへん』と言っていたのを思い出しました。やっぱり参加した人は『面白い・楽しい』と思うことを入口にして、興味を持つんだなと思いましたね」

辻さんは、都会と農村の相互理解が大事だという。農村の人口は今後ますます減少するのに、農業、特に稲作には多額の税金が投入される。それに対して都市部の人が納得し、社会的理解を得るためにも相互理解が必要だ、というのが辻さんの考えだ。

たしかに、都市部の消費者が農村のことは自分には関係ないと思う限り、積極的にお米を食べる意義も感じないだろう。つまり需要が増えることはない。

つじ農園では無限めしイベント以外でも、開発機器の実証実験をしたいアグリテック※の人や研究者やクリエイター、アーティストなど多種多様な人が出入りする。そういう人たちに、つじ農園を自分たちの仕事の実証フィールドとして利用してもらい、その代わりにこちらの農業の仕事にも協力してもらう。そうしたつながりを持つことで、すこしでも都市と農村の境界をなくしていきたい、と辻さんは語った。

※アグリテック…ＩｏＴやビックデータ、ドローンなど、農業に情報通信技術を活用すること。

小池さんと辻さんに共通するのは、とにかくお米と稲作農業に関心を持ってもらいたいという強い気持ちだ。そのためには楽しくあるべし、というのも共通だ。

現代ではどんな商品やサービスでも、似たようなものが多数あるため、差別化するのが難しいといわれる。そこでまずは消費者に認知してもらい、商品をよく知ってもらい、興味や関心を持ってもらうことが必要とされる。消費者はそこから好感を抱き、購入を検討し、購買というアクションへとつながる。

お米の需要創出も同じことが言えるのではないだろうか。だからこそ、女性のお米屋さんたちはＳＮＳ活動に励み、楽しい店づくりをする。ドバイでお米のＰＲイベントをした片山さんも、現地の人たちに伝わるように説明と試食を組み立てていた。

食への関心は性別や年代などによってかなり異なる。価値観やライフスタイルが多様化している現代では、「こうしたらみんなに興味を持ってもらえる」というものは存在し得ない。産地と消費地が遠くなっていることも、お米への関心を持ちにくい要因のひとつだ。

多様な角度から、丁寧に消費者に働きかけることが無関心化を食い止め、眠っている需要を掘り起こすことにつながるだろう。小池さんが言うように、やれること・やるべきことはまだまだある。

3. 新しい価値を創造する商品開発に挑戦する食品メーカー

ここまでお米の需要を様々な形で喚起する事例を見てきた。今まで気が付かなかった視点もあったのではないだろうか。ただ、お米そのものの需要を考えるという点では従来の枠を出ない。将来に向けてのさらなる需要創出と拡大には、今までにない新たな展開が求められる。すなわち、これまでにない新しい考え方や技術、仕組みなどを取り入れて新たな価値を生み出し、社会に変革をもたらすイノベーションだ。

一般的に、大企業はイノベーションにつながる新しいビジネスを起こしにくいとされる。そこに挑戦している2つの食品メーカーを紹介する。

（1）栄養素を最適化できる主食を目指すニチレイ

栄養素をパーソナライズできる新しい主食「ごはんのみらい」が、㈱ニチレイから2022年に発売された。独自の技術によって、米粉とレジスタントスターチ[※1]を主原料に米粒状に加工したもので、見た目はお米そっくりだけれどお米ではないという新しいドライフーズだ。炊飯は不要でお湯で戻して食べる。

特徴的なのは、白米一食分と比べて糖質を50％に抑え、かつ食物繊維を10倍も含む点だ。さらに、購入に際してまずオンラインで栄養診断を行い、自分に最適な栄養素を加えてカスタマイズすることができる。購入後はスマートフォンのＬＩＮＥアプリを使い、献立や栄養相談など管理栄養士から個別にアドバイスを受けられるなど、健康をサポートする様々なサービスが付帯する。

開発者の同社事業開発推進グループプロフェッショナルの小宮潤一さん（45）によると、事前調査で消費者が糖質を避ける傾向が顕著であることがわかった。他方、健康に関心がある人でも、望むような健康的な食生活を過ごせていないという悩みを持っていることにも気が付いた。これは小宮さんが栄養士の有資格者だからこそ、わかったことだ。

「お米の代わりではなく新しい食材として、コメの選択肢を広げたかったんです。さらに健康サービスを付けることで、自分の健康を考えるきっかけを提供したいと思っています」と、小宮さんは言う。

小宮さんは現職の前はニチレイグループの加工食品事業会社(株)ニチレイフーズで、米飯の開発・研究に携わってきた。ニチレイフーズにいた２０１８年に、「ごはんのみらい」を新規事業として社内に提案した。その最終プレゼンを当時の社長、大櫛顕也（おおくしけんや）氏（現ニチレイ代表取締役社長）が見て、好印象を持ったらしい。

翌年、大櫛氏はニチレイの社長に就任し、小宮さんはニチレイフーズで案件を抱えたまま、研究開発の部署から経営企画部へ異動。強い既存事業がある中で、新規事業を生み出すのはなかなか困難が続いたという。そんな折、大櫛氏からニチレイの社長室に呼ばれ、「コーポレート（ニチレイ）でやらないか」と誘われた。もちろん、小宮さんは二つ返事でニチレイへ転籍した。

ニチレイがこんなに斬新な商品を開発できたのは、社員がチャレンジ精神を根幹に持っているからのようだ。

「ニチレイでは2021年からIMS[※2]を導入して、イノベーションを継続的に起こしていこうというチャレンジが始まっています。もともと大櫛が現状に安住することなく、次の成長エンジンを創り出すためにはチャレンジしていかないといけない、という視点を持っている人なんです」

と小宮さんが言うと、同席していた広報の山田純子さんが補足した。

「経営方針のひとつに、失敗を恐れず『新たな価値の創造に挑戦する』ということを掲げており、会社を挙げて新規事業に取り組んでおります。『ごはんのみらい』もそのひとつとして、実を結んでいくことを期待しております」

コメを使った「新しい主食」という形から、お米文化がより楽しく広がることを期待したい。

※1　レジスタントスターチ…難消化性でんぷん。不溶性の食物繊維。ヒトの小腸では消化吸収されずに大腸に届いて腸内細菌を活性化させ、便通改善、血中コレステロールや中性脂肪の減少、血糖値の急激な上昇を抑制する効果などが期待されている。バナナやドイツパンのプンパーニッケル、冷ご飯などに含まれている。冷ご飯は生米が加熱・炊飯されて糊化した後に、冷える過程で一部のでんぷんが再結晶して消化されにくい構造に変化する。

※2　IMS（ISO56002 イノベーション・マネジメントシステム）…既存の組織からイノベーションを興すための産業史上初の国際規格。欧州が起点となり作成された。

（2）新世代の食事に着目した米菓を開発した湖池屋

ここまで主食としてのコメを見てきた。コメは他にもお酒や米菓の原料として使われる。米菓[※3]は原料によって大きく二つに分けられる。もち米から作られる米菓には、小型の「あられ」、大型の「おかき」、そして揚げ餅がある。うるち米を原料とする米菓は「せんべい」と呼ばれ、焼いたもの・揚げたものがあり、食感もソフトなものから非常に堅いものまで様々だ。

最近はこうした伝統的な米菓以外に、お米を使ったスナック菓子が登場している。米菓メーカーの独壇場ともいえる市場に挑んでいるのは、㈱湖池屋だ。ポテトチップスやコーン系スナック菓子を主力商品としている。そこへ２０２１年からお米を使った商品をラインナップに加えた。

今回注目する「愛をコメて」という米パフ商品は、２０２２年からコンビニエンスストア限定で発売している。北海道産米を使用、ノンフライ・たんぱく質入りというユニークな商品だ。ご飯粒のような細長い粒をひとくちサイズの三角おむすびの形に固めてあり、見た目もご飯を意識するように作り込んである。

開発の事前調査で男女60人を対象に食生活を詳しく調査したところ、若い世代では従来の１日３食という食べ方ではなく、５食も６食も時間を決めずに適当に食べていたり、スナック菓子を昼食代わりに食べたり、という実態が見えてきたという。湖池屋ではこうした若者たちの「分食化」や「乱食化」を「食のシームレス化」と名付け、今後、次世代の食スタイルのスタンダードとなっていくと考えている。

開発を手掛けた同社マーケティング部の「愛をコメて」ブランドリーダー、小林重文さん（29）は開発意図をこう話した。

「Z世代[※4]の若者たちが感じている食の課題を、スナック菓子メーカーの視点と技術から解決したいと思い、『食事系スナック』を狙いました。若者が好むスナック菓子らしい濃い味付けにしておきながら、でもノンフライでしかもたんぱく質入りという健康要素を入れて、ギャップを作りました。スナック菓子にありがちな罪悪感なしに、食事代わりのように食べてもらうには栄養素も大事だと思ったんです。お米粒の間に、大豆たんぱくのパフが入っています」

同席した広報の伊藤恭佑（きょうすけ）さんが、「日本のお米農家を応援したいという気持ちも込めています」と付け加えた。国産の米粉100％にこだわることで、すこしでも日本のお米の消費に貢献したいと考えた、という。

このかなり攻めた商品は今のところ期間限定商品だ。

「ファーストトライの段階なので、まずは定番化を目指してがんばります！」

と、小林さんは、元気よく言った。

若者らしさがあふれたお米スナックからのお米回帰が起こったら、と想像するとワクワクする。

お米文化を別の角度から再発見する、楽しいきっかけになるかもしれない。

※３　ここでは米菓を干菓子（乾いたもの）に限定した。もち米を粉にした「もち粉」を使った求肥（ぎゅうひ）や大福、うるち米を粉にした「上新粉」を使った団子やかしわ餅、ういろうなども広義では米菓に含まれる。ちなみに、上新粉はうるち米を洗って乾燥後に粉にしたもの。「白玉粉」は洗ったもち米を水に浸した後、水を加えながら石臼などでひき、沈殿させたものを乾燥させたもの。もち粉はもち米を上新粉と同じ製法で粉にしたもので、きめが細かいので求肥や大福に使われる。だんご粉はもち米とうるち米を混合ブレンドした米粉。

※４　Z世代…１９９０年代半ばから２０１０年代に生まれた世代。世界の人口の約3分の1を占める。今後は消費の主役になると考えられており、企業のマーケティングにおいて世界的に注目されている層。生まれた時点で既にインターネットが広く普及しており、デジタルネイティブ、スマホネイティブとも呼ばれる。

２つのコメ関連商品の先端的な事例を紹介した。あなたは彼らの取り組みをどう感じただろうか？

「おっ、コレは新しいな、面白そうだぞ」と感じたか、「こんなのは邪道だね、コメの味をわかっていない」と感じたか。これはある意味、あなたの視点が今どこを向いているかを見極める試金石だ。

彼らは、従来のコメ業界の常識である「お米のおいしさ（食味）」という価値を横に置いて、健康や栄養素、食事未満間食以上という今までと異なる新しい価値を創り出している。彼らなりの視点で捉えた「新しいお米」だ。わたしが彼らを取り上げたのは、ここにイノベーションがあるからだ。

　これまでコメ関係者が積み重ねてきた努力、すなわちより良い食味やより高い生産性を目指すとか、より高値で売るブランド戦略を考えるということはとても大切だ。これからも需要を維持拡大する大前提として重要なことは間違いない。ただ、それだけでは足りないかもしれない。

「ごはんのみらい」も「愛をコメて」も、5年後10年後に元気に存続しているかどうか誰にもわからない。でも彼らが消費者の変化をしっかり捉えた上で、新しい形を提案しているからこそ、彼らに可能性を感じるのだ。顧客である消費者を置き去りにするものだったら、ただ奇をてらっているだけのものになるだろう。

　ニチレイも湖池屋も、最初からチャレンジ精神があったわけではない。両社とも業績が低迷していた時期があり、そこを打破するために、新しいことに取り組んできた経緯がある。湖池屋は低迷期に重苦しい社内の空気を改革しようと、創業者の想いをしたためた冊子を作り、全社員に配布したという。若い小林さんも熟読したらしい。

　そこにこんな言葉がある。

――新しいほうへ、難しいほうへ、面白いほうへ、イケイケ！

　変わる勇気と柔軟性を持とう。新しいことにチャレンジする人たちを受け容れよう。様々な角度から需要を創っていこう。すべてはそこからだ。

第５章

25対75を目指して
～有機農業への挑戦～

農林水産省の平形農産局長のインタビュー（第3章）から、国は今後、生産性の向上をより進めつつ、有機農業の拡大に力を入れていくことがわかった。

この方向性を唐突に感じて抵抗感を持つ人は少なくない。が、実はこれは「みどりの食料システム戦略」が初出ではない。1992年に「新しい食料・農業・農村政策の方向」という政策が打ち出され、そのときに環境保全型農業の概念も含まれていた。1999年には、農業基本法（1961年）に替わる新たな基本法として、「食料・農業・農村基本法」ができた。そこでは基本理念として、①食糧の安定的供給の確保、②農業のもつ多面的機能の発揮、③農業の持続的発展、④農村の振興、が掲げられた。わたしはこの新基本法を学んだとき、なんと素晴らしいと感動したのをよく覚えている。

ところがその後、農業政策は生産性の向上や大規模化といった方向に行き、環境政策や農村や地域の政策は影を潜めた。日本が足踏みをしているうちに、世界では環境問題への意識が高まり、欧州をはじめ環境に配慮した有機農業への転換が始まっていった。

特に欧州は生産性の向上を追求しつつ、環境問題も進めるという両輪の体制を進めていく。隣国の韓国は1990年代から、「新環境農業」という環境保全型農業・有機農業に取り組み定着している。

日本は30年前に有機化への第一歩を踏み出していたにもかかわらず、大きく後れを取ったと言わざるを得ない。なぜか？

いろいろな要因が考えられるが、ひとつには、日本では有機農産物の需要が欧米と比べて育たなかったことが挙げられる。需要がないのだから、生産も増えないのは当然だ。

もうひとつは労力の問題だ。平形さんの話にも出たが、温暖多雨の日本では、雑草や病虫害の被害が欧米よりはるかに多い。化学農薬を使わずに、経営が成り立つだけの収量を確保するには、気の遠くなるような労力が必要になる。佐渡の農家の齋藤真一郎さんも「とにかく除草機を回せ！」と言っていた。

この需要と労力の課題はいまだに解決していない。だから現状では有機の耕作面積はわずか0・6％にとどまっている。これを「みどり戦略」が目指す25％にすこしでも近づけるにはどうしたらいいだろう？　耕作面積の54％を占める水田、つまり稲作ががんばらなければ達成はできない。

言うまでもなく、慣行栽培や有機ではない減農薬栽培も必要である。75％の存在感は大きい。しかし、0・6を25にするには本気で取り組まなければならないのだ、生産者も消費者も。

そこでこの章ではまず、どうしたら有機米の需要が生まれるかを考え、そのあとに労力の問題を考えたい。

1. 公共調達による有機米の学校給食導入

すこし前までコメ関係者は、「最近の若者はコメを食わなくなったからねぇ」とよくぼやいていた。けれどもほんとうにそうなのだろうか。

最近の調査で、実態はまったく異なることがわかってきた。[※1]２００1年以降のおよそ20年間において年齢別の米類摂取量は、20代以上の世代では予測通り減少傾向が続いている。詳細を見ると、40代以上は年代が上がるにつれて減少幅が大きくなる。ところが10代後半（15〜19歳）は緩やかな上昇傾向だ。

農林水産省の調査[※2]でも、「5年前と比べて自身の米の消費量」が「増えてきている」と回答した人は、20代から40代では20％近くいる。一方、その上の世代は10％以下になっている。

つまり、お米を食べていないのは中高年層で、子どもや若者はむしろお米を食べるようになってきているのだ。これは米飯給食の効果が大きいといわれている。

米飯給食の効果

現在では、学校給食を実施している国公立私立の小・中学校において、米飯給食の実施率は１００％で、平均して1週間に３・５回、ご飯が提供されている。[※3]これはほんとうに素晴らしいことだ。自治体の学校給食の献立表を見ると、白米・麦ごはん・雑穀米・炊き込みご飯・混ぜご飯・ピラフなど多彩なご飯メニューが並ぶ。

学校給食に正式に米飯が導入されたのは、１９７６（昭和51）年。それ以前も「給食でご飯を食べたい」という子どもたちの声があったが、調理施設や材料調達、予算の面で実現できなかった。ところが１９６０年代後半以降、供給過剰のコメ余りが起きる。実はその余剰米の行き先のひとつとして、学校給食に米飯が導入された。[※4] そんな大人の事情はさておき、米飯給食は子どもたちにたいそう好評だった。

最近では学校給食の米飯に、地元産のコメを使う自治体が増えてきている。地産地消の観点からも、食育の観点からも、非常に意義があることだと思う。

これをもう一歩進めて、学校給食に地元産の有機米を１００％導入した自治体がある。千葉県いすみ市だ。農林課主査の鮫田晋(さめだしん)さん（46）に話を聞いた。

有機と無縁だった千葉県いすみ市

房総半島東部にあるいすみ市は、東京駅から電車で80分。都会からそう遠くない地だが、里山の原風景が色濃く残る自然豊かなところだ。しかし、近年は耕作放棄地が激増していた。

そうした状況に強い危機感を抱いた太田洋(ひろし)市長のトップダウンで、２０１２年に「自然と共生する里づくり連絡協議会」が発足した。これがいすみ市の有機農業推進の発端となった。太田市長は兵庫県豊岡市の「コウノトリと共に生きるまちづくり」に感銘を受け、いすみ市でも展開したいという想いがあったようだ。

翌2013年に太田市長の意を受け、鮫田さんが有機米生産推進プロジェクトの専任になった。「有機の米作りで地域活性化を図りたい」と張り切って任命を受けた。

最初の大きな壁は栽培方法だった。というのは当時、いすみ市には有機米の生産者は皆無だったのだ。

「誰もやったことがないし、わたしに至っては農業の『の』の字も知らないような素人でした。実はわたし自身は、いすみ市の生まれでも育ちでもないんです。学生時代にサーフィンをしによくこの辺りに来ていて、社会人になってからも週末はサーフィンをしに来て、平日は東京へ帰って仕事をするという生活でした。さすがに疲れてきて、それならいっそ住んでしまおうと会社を辞めて、いすみ市の職員採用試験を受けて転職したんですよ。前職も農業とは無関係でした」

驚いた。今ではいすみ市の有機給食といったら、必ず鮫田さんの名前が挙がる。今の鮫田さんはいすみ市への地元愛にあふれているが、Iターンだったのだ。

困った鮫田さんは誰かに指導を仰ごうとしたが、県の普及指導員も有機農業はわからないと言うし（そういう時代だった）、農協も、JAいすみは広域合併で営農指導そのものを行っていなかった。

協力を申し出た農家と試みたものの、一年目は大失敗に終わった。しかしここから鮫田さんは大奮闘する。豊岡市に研修に行き、そこで知り合ったNPO法人民間稲作研究所の稲葉光國（いなばみつくに）理事長に指導を依頼。そのかいあって、二年目の２０１４年は協力する農家も３戸になり、栽培面積は１１０アールに増え、４トンの有機米が収穫できた。さらに嬉しいことが起こった。有機米の圃場（ほじょう）に、いすみ市初めてのコウノトリが飛来したのだ。餌となる田んぼの生きものが増えた証拠だった。関係者は胸がいっぱいになり、市民の間でも大いに話題になった。

ところが新たな壁にぶつかる。販売先だ。なんと、この時点でまだ考えていなかったのだ。ＪＡには迷惑をかけられないと悩んでいると、有機米に取り組んでいる農家から、「ぜひ地元の子どもたちに食べてほしい」と、声が上がった。農家としては子どもたちが食べてくれるなら、こんなに嬉しいことはないと言う。

そこで鮫田さんは、学校給食への導入を提案。太田市長も即合意した。鮫田さんはすぐに関係先と調整。まず価格を有機米としての相場で買い取ることを決め、農家の今後の経営と生産意欲につなげることを意識した。ＪＡにも集荷を含め全面的に協力してもらった。

当然ながら有機のお米の価格は、慣行栽培よりも高くなる。でも鮫田さんは、保護者が負担する給食費を値上げすることは、現実的ではないと考えた。給食費を値上げせずに実現するため、財政当局と協議し、市の予算を確保した。

こうして２０１５年、市内の全小中学校２２００人の米飯給食で１か月間、地元いすみ産の有機米が提供された。この有機米は「いすみっこ」と名付けられた。

給食導入の効果

税金が投入されることに反対はなかったのだろうか。鮫田さんは「市民からも議会からもまったくなかったですね」と、あっさり答えた。そして、「もちろん財源の観点から、市民の理解と応援は不可欠です」と続けた。

鮫田さんによると、いすみ市は市民活動が活発で、有機給食への理解と応援も得やすい土壌があったのではないかという。もちろんそれに頼ることなく、市として様々な農業体験イベントを企画し、市民に広く関心を持ってもらう機会を作った。また有機農業の大きな国際会議も誘致し、市内外の注目を集めることも忘れなかった。

「とにかく市民に有機いすみ米のファンになってもらえるよう、それはがんばりましたよ。保護者だけでなく市民のみなさんが、安心安全だからというだけでなく、有機が地域にとって良いものだから給食に入れる、と理解してくださったと思います」

と、鮫田さんは誇らしげに言った。

有機米給食の反響や応援の声は相当なものだった。農家にとっては、作った有機米は適切な価格で買い取ってもらえるし、販売先も保証されている。次第に、有機米に取り組む農家が増えていった。

2017年に目標値の42トンを上回る50トンを収穫。市内の全小中学校の米飯給食で、地元産の有機コシヒカリ「いすみっこ」への全量切り替えを達成した。ゼロからのスタート、有機米の供給を始めてから3年での達成だった。

現在もいすみ市では、給食費の値上げをせずに、有機米と一般米の差額分は一般財源で予算化し、給食の全量を有機米で供給し続けている。

学校現場では有機米の導入で何か変わったのだろうか。

「ご飯の残菜率、すなわち食べ残しが減りました。２０１７年は18％だったのが、有機米に切り替えた後、徐々に減少して２０２０年は10％まで減りました。給食全体の残菜率も減りましたね。そちらの理由はよくわからないのですが」

「ああ、それはよくわかります」と、わたしは答えた。「ご飯がおいしくなると、おかずもおいしく感じられて食事全体の印象が変わります。一般の家庭でもレストランでも同じで、お米がおいしくなると食事全体の満足感が高まり、食べ残しも減ることが多いです」

慣行栽培から有機栽培への転換

学校給食への有機米１００％の導入は、人口２千人以上の自治体としては、いすみ市が全国初の試みだった。しかもゼロからのスタートということもあり、様々なメディアに取り上げられ、有機米「いすみっこ」は全国的に有名になった。有機米の米飯給食をする自治体として、いすみ市のイメージも著しく向上した。移住してくる若い子育て世代も増えた。市民が自分たちの住む町を誇りに思い、農家の意欲も高まった。

「ところで、生産農家が増えて生産量も増えると、給食で使う以上のお米が生産されますよね。その売り先はどうしているのですか」

と聞くと、鮫田さんは言った。

「特に困っていないですね。有機ＪＡＳ認証を取ったものは、首都圏など県内外へ販売しています。有機米はいくらでも売れるんです。ただ、有機ＪＡＳ認証を取っていないと、なかなかそうはいきません」

通常、慣行栽培から有機に転換して認証を取るまで、およそ2年が必要となる。その間は非ＪＡＳになるため、「特別栽培米」あるいは「栽培期間中農薬化学肥料不使用」などの表記になる。これだと有機ＪＡＳ認証のような需要は見込めないのだが、いすみ市ではこれを学校給食に使用している。こうすることで有機への転換に伴うリスクも解消されるため、農家も慣行栽培からの転換をしやすいという仕組みになっているのだ。

当初の計画にはなかった学校給食への導入が、有機米の産地形成になりブランドの確立につながっている。有機米の産地振興と学校給食への導入を両輪で進めるこの「いすみ市モデル」は、今後多くの自治体の参考になるだろう。

海外の事例

農業経済に詳しい愛知学院大学教授の関根佳恵(かえ)さんによると、税金を投入する「公共調達」で

有機農産物を学校給食に導入する事例は、世界各国で増えている。[※5]

ブラジルは２００９年に、教育省が全国学校給食プログラムを開始。全国レベルで法的義務と予算措置を伴う取り組みとしては、ブラジルは先駆的だった、と関根さんは言う。アメリカではオバマ政権下で、ミシェル大統領夫人が学校給食の改善運動に熱心だったのは、よく知られた話だ。２０００年代からカリフォルニア州で試験導入され、その後拡大している。日本の隣国、韓国は早くから有機農業に取り組んでいた。ソウル市では、２０１０年頃から取り組みが始まり、２０２１年現在、幼稚園から高校まですべての国公立私立の学校で、「新環境農産物」と呼ばれるいわゆる減農薬または無農薬農産物の無償給食を実施している。

フランスでは１９９０年代から、学校給食に有機食材を導入する運動が始まっていた。ＥＵ委員会では２０１７年に、公共調達による有機食材を推し進める方針を打ち出した。有機への機運が高まる中、マクロン政権下で２０１８年に施行された通称エガリム法により有機農産物の公共調達が推し進められ、２０２１年１月から食材調達額の20％以上を有機食材とすることが義務化された。２０２２年1月現在、国公立の幼稚園から大学までの教育機関の食材調達額の30％が有機食材だ。

こうした公共調達による有機食材導入の波及効果は非常に大きい。市民の食と農への関心を高め、有機農業者の所得の安定や雇用創出など、地域経済が活性化することがわかってきている。関根さんは、実現にはすべての関係者の参加が必要なため、小さな自治体ほど実現しやすいと言う。いすみ市も人口３万７千人の小規模自治体だ。

世界各地で公共調達による有機食材が導入されている背景には、学校給食の意味合いが変わってきていることがあるようだ。かつての給食は空腹を満たし、栄養を補助する役割だった。その後、食の安全性や栄養バランスの取れた食事、さらに食文化の継承などの意味合いを持つようになってきた。現在では「食」そのものが、地球環境や生物多様性の維持、格差の是正、地域の循環型経済などに資する「よい食」であるべき、という考え方に変わりつつある。関根さんは、「世界各地で学校給食等の公共調達を改革して『よい食』を導入することで、社会の諸課題を解決して、持続可能な社会を目指す取り組みが行われています」と言う。

継続と拡大のために

今後の課題を鮫田さんに聞いた。

「学校は最大の得意先です。だから子どもたちに理解してもらう責任があるんです」

と、食農教育の充実をまず挙げた。食農教育のテキスト「いすみの田んぼと里山と生物多様性」を2019年に作成、主に小学5年生の授業で使用している。市民にも広く読んでもらえるよう、インターネットでPDFファイルをダウンロードできるようにしている。

もうひとつは事業の持続性だ。自治体は人事異動のサイクルが短い。いすみ市の成功は、鮫田さんが専任として長期にわたりプロジェクトに当たることができていることも大きい。太田洋いすみ市長のトップダウンで始まり、同市長の下、継続していることも大前提としてあるだろう。

しかし、市長は任期がある。鮫田さんもいつか異動がある。

「いつまでもわたしが前に出るべきでないと思っています。若い人たちのエネルギーはすごいですよ」と、鮫田さんは笑顔で言った。

今後は有機野菜の導入へと拡大する計画だという。2022年時点で8品目において一部取り入れられているが、持続的な導入にはまだまだ時間がかかりそうだ。

また、いすみ市は先駆的なモデルとしての役割もある。全国各地の有機米の給食導入を目指す自治体や市民活動グループからいすみ市の鮫田さん宛に、問い合わせや視察、相談、講演依頼などが来る。鮫田さんは公務をする傍ら、そうした声にもできる限り応えている。

鮫田さんは「自治体は、モデルのないことに取り組むのは不得手だ」という。いすみ市にとっての先輩は、兵庫県豊岡市と愛媛県今治市だった。豊岡市は「コウノトリと共に生きる環境創造型農業」を官民協働して推進し、有機米の産地を形成した。一方、今治市は1980年代から、地産地消の推進・食育の推進・有機農業の振興を柱とした有機農産物を学校給食で使用してきた。いすみ市モデルはこの両市をモデルに、改良型として構築された。

いすみ市に端を発した取り組みは、着々と広がっている。第2章3で紹介した佐渡市は、いすみ市をモデルに無農薬・無化学肥料栽培米の給食導入に取り組んでいる。同じ千葉県の木更津市も、2019年から有機米「きさらづ学校給食米」の給食導入に取り組み、順調に進んでいるらしい。

これまで学校給食で使われるお米には、あまり関心が寄せられていなかった。どこの産地のなんという品種のお米なのか、どんな栽培のお米なのか、なぜそのお米が使われているのか、生徒たちも親も市民も知らない人が多い。近年、食育や地産地消の意識が高まり、地元のお米が使われるようになりつつある。例えば、ＪＡ全農神奈川県本部は「学校給食用米確保運動」を展開し、県内の小中学校へ神奈川県産米「はるみ」（全農育成品種）を供給している。

ただ、こうした動きが全国的に広まるには、まだまだ時間がかかりそうだ。わたしが取材した中でも、石垣島の宮城智一さんと原宿の小池理雄さんは関係機関に学校給食で使うお米の変更を提案したが、慣例の壁が厚くて難しいと言っていた。

しかしながら、いすみ市の成功以降、状況は大きく変わりつつある。農林水産省は、みどりの食料システム戦略の一環として有機農業産地づくりを推進する「オーガニックビレッジ」事業[※6]を策定。有機農業推進のモデル的先進地区への支援を打ち出している。今後はこうした国の支援も得て、有機の産地づくりの取り組みのひとつとして、有機米の学校給食導入を目指す自治体も増えていくのではないだろうか。

※１　青柳斉『米食の変容と展望』（筑波書房）
※２　農林水産省の令和２年３月「米の消費動向に関する調査」
※３　文部科学省の平成30年度・学校給食実施状況等調査結果
※４　米飯給食の経緯については、藤原辰史『給食の歴史』（岩波新書）に詳しい。
※５　関根佳恵「世界における有機食材の公共調達政策の展開：ブラジル、アメリカ、韓国、フランスを事例とし

て」調査論文（有機農業研究14(1),2022）、及び日本有機農業学会シンポジウム2021の講演を参考にした。
※6 「オーガニックビレッジ」構想とは、生産者だけでなく地域ぐるみで、有機農業の生産から流通、加工、販路拡大まで取り組む市町村を、オーガニックビレッジとして2025年までに100市町村で創出することを目指す。農林水産省はみどり戦略の交付金で支援する。

2. 入試で問われた視点

人は生きていく中で知識と経験を積み重ねて成長する。わたしはコウノトリの豊岡やトキの佐渡での取材で、自然と共生することの奥深さを感じ、有機農業の意義を学んだ。しかし、なぜ自然と共生することが大切なのかと問われたら、正直なところ答えに窮する。そこを明快に答えられたら、有機米の需要喚起の大きなヒントが見つかる気がするのに、とモヤモヤしていた。

そんな折、私立・桐朋女子中学校の入学試験でこんな問題が出たのを知った（2021年度・国語Aから一部抜粋）。宇根豊（うねゆたか）氏の著作『日本人にとって自然とはなにか』（ちくまプリマー新書）を引用した文章についての設問である。あなたはどう答えるだろうか。

――「『農業は自然破壊だ』という見方と『農業は自然を支えている』という見方は、矛盾しているわけではありません。同じ世界を別々の見方で見ているに過ぎないからです。」とあります。

農業のように、「自然破壊だ」という見方も「自然を支えている」という見方もできる事柄を一つ取り上げて、あなたがどちらの見方をするかについて、理由を挙げて書きなさい。

農業に特化しているわけでもない普通の学校が、なぜこの本を取り上げたのだろうか。興味をひかれ、東京都調布市の桐朋女子中学校を訪ねた。学生時代を思い出してやや緊張した面持ちで面談室で待っていると、国語科の荒井仁先生（55）と峯和彦先生（43）が現れた。とても穏やかで優しい雰囲気の先生方だ。

この問題は宇根さんの本にある「視点」がテーマだ。引用文では農業を、森林を伐採して田畑を作る「自然破壊」と、田んぼを維持してそこで新しくできた生態系を守っていくことで「自然を支えている」という二つの視点で語り、必ずしも答えは明確には定まらないことを示唆している。

自分で考える

「最近の子どもたちは、答えがかっちり出るものに安心する傾向があります。数学みたいに答えがあると安心するのかもしれませんが、子どもたちは物事を見るときに、それが正しいのか正しくないのか、白か黒かという見方をしていると常々感じています。でも物事で、白黒がはっきりするような課題はまずありません」

荒井先生が言うと、若い峯先生もうなずいた。荒井先生が続ける。

例えば、環境破壊を止めるべきだといっても人間は原始時代の生活に戻れない。いくら環境に悪いといっても、二酸化炭素排出ゼロやプラスチックを全廃するような生活は、現実的にはありえない。

「ですが、子どもたちは例えばＳＤＧｓと言われると、地球環境を維持するためには、人間の活動そのものを否定しなければいけないのではないか、という発想を取りがちなんですね」

わたしは興味津々に「実際にはどんな解答があったのですか」と聞いた。

「林業、水族館や動物園、水産資源の養殖などですね。治水や発電を挙げた解答もありました。特に目を引いた解答は、ウナギの養殖についてでした。捕獲して人の手が加わることは自然破壊だが、種を末永く存続させるための保護にもなる、といった内容だったと思います」

なんと立派な！　実はわたしは、この問題は大人でも難しいと思っていた。そう言うと、荒井先生は「そうかもしれないですね。でも想定通り、例年通りの点数で、子どもたちは読み取れているなという実感がありましたよね」と言って、峯先生の方を見た。峯先生が大きくうなずき、新井先生が穏やかに続けた。

「自分なりに理由を考えて、思考を組み立てる。そういうことに年齢による制限はないと思うんですね。小学校6年生の時点で、自分の知識や経験に照らして一生懸命に読んで、そこでつたない知識や言葉の中で考えてみる。その中で、様々な視点があることに気がついてほしいと思いました」

　峯先生も考えながら言った。

「ひとつの物事でも、複数の視点で見方を変えたら、全然違って見えると思うんです。本校は八ヶ岳の高原に宿泊施設を持っています。生徒たちは定期的にそこへ合宿に行って、本物の自然に触れます。川のせせらぎの音を聞く、牛が草を食(は)むのを見る、食べられる山菜を見つける…実は、わたしもこの学校に来て初めて経験しました。取り上げた宇根さんの本はわたしにとっては、なるほどと思うところがありました。この学校らしい選択だったかなと思います」

　そう言う若い峯先生を見て、新井先生が優しい笑顔でうなずいた。わたしは気になっていたことを思い切って質問した。

「あの、宇根さんのいう二つの視点は、なぜ矛盾しないのでしょうか」

　新井先生が答えた。

「そうですね、人は自然と共に生きなければいけない以上、人間の行為によって新しく生まれた自然を守ることこそが、大切だからではないでしょうかね。ただ、我々は都市の中の一部として生活していますから、なかなかそこに気が付かない。先ほど峯先生が言ったような自然を意識する機会や、自分が自然の中で生かされているという感覚が呼び起こされる機会は、案外少ないのではないでしょうか。そういう意味では、自然のものを食べるという行為が、我々にとって、自然とつながる唯一残された綱になるのかな。でも今は、『食』も工場で工業的に作られた食品になりつつあるので、例えばお米そのものを、『自分で炊いて食べる』という経験も必要なのかなと思いました」

どうやらわたしは、抱いていたモヤモヤした疑問に対する答えの手がかりを手にしたようだ。都会とは思えないような木立の学び舎を後にする頃には、すっかり生徒の気分になっていた。

3. 田んぼの生きものが教えてくれること

桐朋女子中学校の入試問題で題材になった本、『日本人にとって自然とはなにか』の著者の宇根豊さんは農学博士であり、自ら「百姓」と称して福岡県で稲作をしている。

宇根さんは百姓に専心する前は、福岡県の農業改良普及員だった。普及員時代に、日本で最初に稲作の減農薬運動を提唱した。１９７８（昭和53）年のことである。当時はとにかく農薬をスケジュール通りにまいて、いかに効率よく栽培するかが稲作の主流だった。それに対し宇根さんは、「実際に田んぼに入って害虫がいるかどうかを見て、要らない農薬は減らそう」と提唱した。その活動の中で、農家が使っていた虫を見るための下敷き、「虫見板」を洗練された形に改良した。これを稲に当てて稲をトントンと叩く（たた）と、虫が虫見板の上に落ちる。それを観察して数を調べたり、害虫か益虫かを判断したりする。害虫が少ないなら、農薬をまく必要はないことになる。虫見板は今も現場で使われている。

虫見板だけではない。現在、有機稲作に取り組むいくつかの産地で「田んぼの生きもの調査」が行われている。この活動は、宇根さんが1980年代に始めた水田観察会がもとになっているといわれている。各産地で先駆けとして有機農業に取り組んできた生産者なら、誰でも一度は、宇根さんの本を手に取ったことがあるといっても過言ではない。

佐渡の取材でお世話になった服部謙次さんは、「田んぼの生きもの調査」について宇根豊さんの影響を強く受けた。生きもの調査をして撮影し資料を作る、という服部さん自身の活動の土台にもなっている。(第2章3を参照)

そこであらためて服部さんに、田んぼの生きものと生物多様性について話を聞いた。

生物多様性と二次的自然

服部さんが作成している田んぼの生きものの写真資料には、見たこともない様々な生きものが載っている。

「なぜこうした資料が必要なのでしょうか？　農家はこういう虫や生きものは見慣れているのではありませんか」

と聞くと、服部さんは「いやいや、そうでもないんですよ」と言った。

「農家は基本的に、田んぼに行くと稲しか見ていないです。例えば、農薬の中ではカメムシの殺虫剤を最もよく使うのですが、カメムシを見たことがあるか農家に聞くと、『写真では見たけれど、実際に見たことはないね』という人も多いですね。

虫の習性を知っていれば、いつ頃発生していつ頃にはもういなくなる、ということがわかります。だから昆虫学的な知識があれば、もうすこし防除の組み立てなどをうまくできると思います。要らない農薬を使うということは、お金もかかりますしね」

虫の習性に合わせた農業は、環境に優しいだけでなく、経済的にも合理性があるというわけだ。

「実は、水田は生きものにとって、かなり特殊な環境なんです。田んぼに毎年、同じ時期に水を入れることで『湿地』が生まれ、稲が育ち『草原』となり、収穫後は『裸地（らち）』になるというのがずっと繰り返されています。生きものたちは、そうした水田の暦に合わせて順番にやって来て、生まれ育って…という命の循環をします。水田には他の農作物では考えられないような種類の生物がいます。※カエルやトンボがその最たるものです」

なんとなくわかるが、なんとなくわからない。

「それは特殊なことなのでしょうか？」

「カエルやトンボはもともと湿地の生きものです。もっと言えば、河川の氾濫などがあるような不安定なところにいた生きものなんです。ところが人間が活動を広げていく中で、湿地がどんどん減少していきました。行き場を失い、田んぼを湿地の代替えにして生き残ってきた生きものが、今、田んぼにいるものに多いのです」

「あっ」と、わたしは素っ頓狂な声を上げた。「カエルやトンボは山に住んでいるもので、それが田んぼにも来ているのかと思っていました」

「そうではないのです。屋久島や白神山地などの手つかずの『原生的な自然』に対し、里山など、人間が自然と関わりを持ちながら作ってきた自然のことを『二次的自然』といいます。二次的自然には様々な種類の環境が混在して、多様な生きものの生息空間を作っています。例えば田んぼができれば、田んぼや水路の中だけでなく、その境目に生きる生物がいたりします。だから田んぼがなくなったら、いなくなってしまう生物が非常に多い。トキやコウノトリ、メダカもそうですよね」

「なるほど、農家さんは自分でも気が付かないうちに、田んぼを守ることで生きものの環境を作り、支えているのですね」と言うと、服部さんは大きくうなずいた。

「それと絶滅危惧種になっているものは原生自然ではなく、二次的な自然の中にいるものの方が多いんですね。そういった生きものの保護という意味では、原生自然だけを守ればいいというのは正しくない。むしろ二次的自然を守らないと種はどんどん絶滅していきます」

わたしはうなった。これは大変だ、目の前のことだけを考えていたのでは、まったく足りない。時空をこえて俯瞰（ふかん）する大きな視点を持たないといけない。

そういえば、こんな記事を思い出した。環境省が２０２１年、約20年ぶりに行った鳥類の繁殖分布調査の結果を公表した。全国約2千地点での観測によると、1990年代の前回調査と比べて、スズメは3万1159羽から2万627羽に減少した。ツバメも1万4978羽から8987羽に減少。このまま減り続けると絶滅危惧種に指定の可能性も出てくる、と環境省は指摘する。

昔からスズメは害鳥、ツバメは益鳥と言われてきたが、彼らが減少したのは田んぼの減少が関係しているのではないかとみられている。つまり、スズメは田んぼでお米を食べるし、ツバメは田んぼにいる小さな昆虫を食べるからだ。（スズメの名誉のために言うと、お米だけでなく虫も食べてくれる。）

たしかに、わたしが子どもだった頃、近所の田んぼにスズメやツバメがよく来ていた。今はすっかり宅地化され、鳥もめっきり少なくなった。

害虫、益虫、ただの虫

「でもなぜ、そういう生物多様性が大切なのでしょうか？」

と聞くと、今度は服部さんがうなった。

「生物多様性保全というのですが、なぜそれが必要かというのは非常に難しい問題だと思いますね。わたしは虫が無条件に好きなので大事にしたいと思いますが、例えば経済的メリットはあるのか、と問われるとなかなか難しい」

服部さんはそう言いつつも、理由を二つ挙げた。ひとつは「生物的資源」。生物には人間がまだ知らない、産業的な素材が隠されているという考えだ。例えば、絶滅が危ぶまれている佐渡のサドガエルの皮膚から、抗菌作用のあるものが発見されている。

もうひとつは「害虫、益虫、ただの虫」という言葉を用いて、生態系の仕組みを挙げた。つまり害虫だけでなく、益虫や「ただの虫」（害虫でも益虫でもない虫）がいて、生態系が複雑だとバランスが安定して、実は害虫が増えにくい。生態系が単純であればあるほど、害虫が増えやすくなる。

「それよりもっとわたしが大事だと考えているのは、農家のやりがいです」

と、服部さんの声が一段と熱を帯びた。

第2章で見てきたように、佐渡は一度絶滅したトキを復活させた。復活に絶対的に必要だったのは、トキの餌になるドジョウやカエル、昆虫など田んぼの生きものを増やすことだった。トキに限らず、農家が田んぼをすることで田んぼに暮らす生きものが増え、その生きものがまた別の生きものを支える…。

「佐渡の田んぼではこの10年で、サドガエルとヘリジロコモリグモという2つの新種が発見されています。これらは佐渡の固有種、つまり佐渡にしかいない生きものなんです。地元の農家はそれらを日常的に見てはいたのですが、それがよもや新種だとは思っていなかった。離島であることを考えると、まだ知られていない種がいるかもしれないと言われています。そしてこの2種が原生自然ではなく、人の手が入ることで維持されてきた田んぼや里山で見つかっているということは、やはり意味があると思うんですね。

『田んぼの生きもの調査』は、農家や地域の人たちといっしょに田んぼの生きものを観察します。でも、単なる生物観察会ではないのです。農家が目の前の田んぼにまなざしを向け、わたしがその魅力を丁寧に伝えることで、農家が自分たちのしていることに、やりがいや意味を感じてくれるといいなと思っています。そしてそこから農家が自ら、自分の稲作のあり方を見つめ直すことにつながってほしいですね」

服部さんの話を聞き、多様な生きものがいる世界はとても豊かで、そして強靱（きょうじん）だと思った。遠い昔の先祖から今日まで、田んぼとその周りの世界は連綿と続いてきた。わたしたちはその恩恵にあずかっていることを、知る必要があるのではないだろうか。

※日本の水田とその周辺環境では生物６３０５種がいることがわかっており（２０２０年11月時点）、滋賀県立琵琶湖博物館のサイト内でデータベースが公開されている。
「田んぼの生きもの全種データベース」https://www.biwahaku.jp/study/tambo/

消費者の意識

日本ではなぜ、有機農産物の需要が小さいのか。ひとつの仮説を立ててみたい。

日本人は環境意識が低いのではないか、とよくいわれている。たしかに、欧米や新興国と比較して低いという調査結果が多い。ただ、ある調査では、自分の国が直面する環境問題は何かという質問に対し、「地球温暖化／気候変動」を選んだ人は世界29か国のうち日本がトップだったという。[※1]ところが、日常生活の中で具体的な行動に移している人は、他国に比べて極端に少ない。その理由として、何をすればいいのかわからないといった知識の欠如、利便性を犠牲にする、あるいは金銭を支払うなどの負担行為をしたくない、という点が分析できる。[※2]

有機農産物の購入についても、環境意識から来る行動と考えると、同じことが言える。とするならば、購入を増やすには、なぜ有機農産物を購入するといいのかを丁寧に説明すること、それを「生きもの調査」や田植え・稲刈り体験などで感じてもらうことが重要になる。原宿の小池理雄さんや三重県のつじ農園の辻武史さんの活動も、有機米の需要創出につながる。生協が会員向けに行う産地訪問イベントも効果が高い。

あるいは豊岡や佐渡へ出かけて、鳥たちがいる田んぼに身を置くこともそうだ。こうしたアグリツーリズム[※3]など、観光産業からのアプローチも今後ますます重要になるだろう。

また負担行為についていえば、有機農産物の学校給食への導入が効果的だ。子どもの頃から給食で親しむことで理解が進み、自分の学校の給食と地元産有機米を誇りに思う。卒業後もその意識は定着するようで、SNSで「学校給食で食べた地元産有機米」を応援する投稿をいくつか見かけた。いすみ市や佐渡市では、行政が市民に丁寧に説明をし、また市民が参加する場を作ることで共通認識が生まれ、負担を意味あるものと好意的に受け止める人が多い。子どもから親、そいる。

の周辺の人々へと「有機米を食べたい」という気持ちが広がり、地元住民の購買意欲が上がっている。

生産は需要に応じて行われる。有機の耕作面積0・6％を25％に拡大する、大きなカギのひとつは需要創出だ。そのためには有機農産物の意義を含めて消費者の認知を高め、知識と体験を通じて興味・関心を持ってもらうことが不可欠だ。

ただ残念ながら、わたしたちは目の前にないものについて、自分が欲しいのかどうかよくわからない。だからこそ、流通や小売、生産者側から消費者への働きかけが必要だとあらためて強く思う。

※1　イプソス株式会社が発表したGlobal Advisor調査（2020）の結果。

※2　イプソス株式会社コーポレートレピュテーション部門の和田潤子、および東京大学未来ビジョン研究センター教授・国立環境研究所の江守正多、両氏の分析を参考にした。

※3　アグリツーリズム…都市居住者などが農場や農村で休暇・余暇を過ごすこと。グリーンツーリズムとも呼ばれる。欧州が発祥といわれる。

4. 除草ロボットから目指す有機米ビジネス

有機農業を増やす大きなカギは労力だ。平形農産局長は、有機化へのいちばんの課題は労力だと言っていた。有機栽培で最も労力がかかるのは、除草である。

稲作は昔から、雑草との闘いだといわれてきた。温暖で多雨な日本では雑草が生えやすい。田んぼに雑草がはびこると、雑草が土中の養分を取ってイネの成長の妨げになったり、風通しが悪くなってイネに病気が出たり、害虫が増えたりする。そのため農家はイネが成長して出穂（しゅっすい）する前に何度も田んぼに入り、草を取る。

除草を人の手で行っていた時代は、大変な重労働だった。除草機の進化に伴い、作業はいくらか軽減されたが、それでも何度も除草しなければならず、農家の負担は大きい。

そこで除草剤が開発され、今では大半の農家が除草剤を使用している。全国農薬協同組合理事長の大森茂さんの話（第2章2）にあったように、現在日本で使用されている除草剤は、ひと昔前に比べて大幅に毒性が抑えられ、人体と環境に優しいものになっている。

とはいえ、薬は薬である。農薬に頼らずに、なんとか除草の負担を軽減したいと考え出されたのが、1980年代に富山県の生産者が確立させた合鴨（あいがも）農法だ。合鴨のヒナを田んぼに放ち、雑草を食べてもらい除草するというものだ。穂が実ると合鴨が食べてしまうので、その前に田んぼから出す。画期的な方法ではあったが、合鴨を飼育するコストと労力がかかる。また鳥インフルエンザの感染源になる恐れもあるため、最近では合鴨農法を行う生産者は減っている。

現時点では除草剤を使用しない場合、ほぼ機械除草に頼ることになる。現在使用されている除草機は、人の労力の負担部分がまだ非常に大きい。だから除草を嫌って、有機農業に二の足を踏む農家は少なくない。

この難題をロボットで解決しようとしているのが、東京農工大学発のベンチャー企業「有機米デザイン株式会社」だ。「アイガモロボ」と名付けられた自動抑草ロボットを開発した同社取締役、中村哲也さん（49）を取材した。中村さんは日産自動車の元エンジニアだ。

今ある資源を有効に活用する

アイガモロボは田んぼに浮かべて自律航行するロボットだ。90センチ×１２０センチ、重さ約12キロと農業機械にしては小型で扱いやすい。スクリューで水を攪拌（かくはん）しながら、本物の合鴨のように田んぼをスイスイ泳ぎ回る。

アイガモロボが動くと田んぼの泥が巻き上げられ、水が濁る。これによって水面下の雑草が光合成をして生長するのを妨げる。あるいは巻き上げた泥が層になって雑草の種の上に積み重なり、重い種は泥の層の下に入り込んで発芽できなくなり、コナギのような軽い雑草は上に浮いてきて根が張りにくくなる。つまり、従来の除草は雑草を抜く、もしくは切るのに対し、アイガモロボはそもそも雑草が生えない環境を作るという「抑草」を目的とした、まったく新しい視点の除草機なのだ。

開発は中村さんら日産自動車のエンジニアが中心となり、他企業も含めたエンジニア仲間でいわば趣味的に、手弁当で始まった。中村さんは会社設立までの約7年間、日産自動車株式会社に勤めながらアイガモロボの開発を続けた。なぜこうした活動を始めたのだろうか。

「日産自動車（以下、日産）ではどんなお仕事をしていたのですか」

「主に自動車開発を取りまとめる部署で、退職前は電気自動車（ＥＶ）のプラットフォームという外に見えるところ以外の部分で、ルノー・日産・三菱の各社車種で共有する構成部品の組み合わせを開発する技術戦略に携わってきました。電気自動車は自動車というよりは、動く蓄電池としての捉え方に変わってきているんですよ」

動く蓄電池？　アイガモロボにそれがどう関係してくるのかわからなかったが、そのまま静かに話を聞いた。

「電力は毎日一定の量が発電されますが、使用量のピーク時以外の使っていないときは基本的に捨てています。ＥＶはそれを拾って使うんですね。だからＥＶは家庭の外にある蓄電池といえるわけです。この『捨てているものを有効活用する』というのは、ハイブリッド車も同じです。ブレーキをかけて出る運動エネルギーをガソリンエンジン車では捨てていたのですが、ＥＶやハイブリットではそれを電気エネルギーに変換して回収しているんですね。20世紀の技術革新は新たなものを発掘してどんどん使うという発想だったけれども、そこには捨てていたものがたくさんあった。でもこれからは、それを無駄にせず活用しようという技術がほとんどになると思います。アイガモロボも同じで、除草のために薬や合鴨など新たに何かを加えるのではなく、今あるものをどうやって有効に使うか、という考え方です」

エンジニアから農業へ

中村さんの言う「限りある資源を無駄にしない」というのは、フードロスにも通じる考え方だ。そこからどうやって農業に結び付いたのだろうか。

「農業とはまったく縁のない生活をしていたのですが、大きなきっかけは２０１１（平成23）年の東日本大震災です。高校まで仙台で育ったので、ほんとうにいろいろ考えさせられました。あのときは食料も滞って…。大きな災害が起きると食料すら手に入らなくなる可能性があるんだなと衝撃を受け、東京の家の庭先で家庭菜園を始めました。雨水を利用し、肥料は生ごみ処理機で作ったものという具合に、今ある資源を使う工夫をしてやっていました。

あるとき人から紹介されて、山梨県の有機農業をしている農家さんのところで初めて、稲作を一年間体験しました。苗床をつくるところから始まり、苗づくり・田植え・除草・稲刈りとすべて手作業でしました。農業の面白さや除草剤の威力、自分たちで作って収穫したお米のおいしさ…いろいろなことを感じました。農作業後のお酒の席で農家さんから、除草があまりに大変なので何とかしてほしいと言われたんですよ、『中村さん、車を作っているくらいなんだから何かできるでしょう?』とね。で、つい『じゃあ何かやってみます』と言っちゃったんです。以来、毎年ちょっとずつ作って持っていっては実際に使ってみて、というのをエンジニア仲間を巻き込んでやっていきました」

そろそろ手弁当では資金も労力も限界に近づきつつある頃、新たな展開が起きる。実証実験を山形県の朝日町でしていた関係で、県のイベントに参加していた際に、山中大介さんと出会った。山中さんは庄内地方で街づくりを担う会社、ヤマガタデザイン株式会社を起業した人だ。彼と組んだことで資金にも余裕が生まれた。また、話を聞きつけた日産の広報が、自社のエンジニアがボランティアで技術を生かした取り組みをしていると企業のＰＲ動画で紹介し、公式ＳＮＳでも発信した。そこから世の中に広く知られるようになり、東京農工大学から、大学発ベンチャー企業にしないかとオファーが舞い込んだ。

２０１９（平成31）年、中村さんは日産を退社した。ヤマガタデザインの農業用ハード開発の子会社として、有機米デザイン株式会社が設立された。その後、ＴＤＫ株式会社と井関農機株式会社から各2億円の資金を調達、アイガモロボの製造販売などの資本業務提携を結んでいる。さらに、秋田県にかほ市や石川県のＪＡはくいなど、有機農業を推進する自治体や農協、生産者団体と連携し、実証実験3年目の２０２２年度には34都道府県で２１０台のアイガモロボが元気よく田んぼで働いた。

合鴨の欠点を補うロボット

アイガモロボについて、もうすこし詳しく話を聞こう。中村さんはアイガモロボの利点を５つ挙げた。

第一の利点として、アイガモロボは合鴨農法のデメリットを解消するという。合鴨農法では合鴨を狙って来るイタチやキツネ、カラスなどから保護するため、電柵やネットなどで田んぼを囲わなくてはならない。また合鴨は雑食で、雑草のほかにも水田にいるオタマジャクシやドジョウ、魚なども食べてしまい、生態系への影響が懸念されている。

さらに本物の合鴨は、考えてみれば生きものだから当たり前なのだが、意外と気まぐれらしい。田んぼへの出勤を渋ることもしばしばあるし、田んぼの中で動くエリアに偏りが出てしまうことも問題となっていた。

合鴨は田植え後から約２か月間、田んぼで過ごした後、食用肉として人間が食べることになる。中村さんは言う。

「田んぼで働いた合鴨はわしゃわしゃ足を動かすアスリートみたいなものなので、肉質が硬くなる。柔らかくするには半年くらい肥育しなくてはならないので、その分のコストがかかるんですよ。それと農家さんは、自分たちのために働いてくれたカモを、食べるために肥育して絞めるのは心苦しい、と言われるんですね」

「ふうむ、ロボットの方が生態系にも農家さんにも優しいわけですね。よくロボットは非人間的だといいますが、ロボットだからこそ良いことがあるんですね」

第二の利点は使用エネルギー。農業機械は化石燃料を使うため、温室効果ガスのCO_2（二酸化炭素）排出が問題視されている。アイガモロボはソーラーパネルを搭載しており、その電気をためておくためのバッテリーがある。トラクターのように泥の中を動くのではなく、浮いているのでエネルギーをさほど必要としないのだ。蓄電池は日産のＥＶの電池を進化させたものを、東日本大震災で被災した石巻で生産している。

第三の利点はＧＰＳ（全地球測位システム）を搭載し、専用アプリで移動範囲を設定する点だ。スマート農業機械の多くは栽培環境のモニタリングにセンサーが必要なため、どうしても高額になる。

「アイガモロボはＧＰＳ位置情報を利用して、碁盤の目のように田んぼをくまなくまんべんなく動き回ります。これは日本がようやく自前の準天頂衛星を上げて、ひと昔前よりもＧＰＳの精度が高くなったからできたんですね」

日本の衛星が上がる前は、日本は他国が上げた衛星から（いわば斜めの角度から）情報を取得していたため、ＧＰＳのズレが大きかった。しかし近年、日本の上空、真上に自前の準天頂衛星が上がり、２０１８年から4機体制のサービスが開始された。これによりＧＰＳの精度が格段に向上した。（内閣府では２０２３年度をめどに7機体制実現を目指し構築を進めている。）

「今も実はＧＰＳはちょっとズレるのですが、アイガモロボは水を濁らせるだけなのでむしろズレを利用して濁りが広がればいいと考えています。そのあたりは精度が必要な自動田植機と違うところです」と中村さんは言う。

ジャンボタニシ対策

第四の利点。アイガモロボは雑草対策を目的として作られたが、実証実験を重ねるとジャンボタニシの防除にも効果があることがわかってきた。

スクミリンゴガイ、通称ジャンボタニシは農作物や生態系に被害を与える恐れのある雑食性の外来種だ。近年、千葉県と滋賀県を結んだライン以南の地方（つまりタニシが越冬できるエリア）で大発生しており、ニュースにもよく取り上げられている。田んぼの水深が深いところに集まり、葉がやわらかい苗を食い荒らす。

中村さんは沖縄県八重山列島の西表島（いりおもてじま）の写真を見せてくれた。一枚は除草前の田んぼで、ジャングルの湿地帯かと見まがうばかりに青々と雑草が生い茂っている。もう一枚はジャンボタニシの被害にあったイネの写真で、葉が黒い斑点だらけになっている。その黒い点が全部タニシで、放置すると一～二日間でイネがなくなってしまうというのだから恐ろしい。

「西表島は二期作をしているのですが、暖かいのであっという間に雑草がはびこってしまい、イネが半分残れば成功といわれているんですね。それで除草剤をまくと雑草が生えないので、雑草の新芽を食べていたジャンボタニシはイネを食べちゃう。そこでジャンボタニシ対策に田んぼに薬剤を流すと、これは魚毒性が非常に高い薬なので魚が死んでしまう。なんとか農薬を使わない栽培をしたいのでアイガモロボを使いたいと、若い農家さんから連絡がありました」

第1章2で紹介した石垣島の宮城さんも、とにかく雑草の勢いが強くて困っていると言っていた。西表島は2021年7月に世界自然遺産に登録された。それなのに農薬を多用していたら問題だろう。

「アイガモロボを入れるためには田んぼの水深を深くするんですが、それを見ていた周囲の人たちから『いやいや、こんなに水をいれたらタニシが来るぞ、ダメに決まっているだろ』と散々言われたそうです。でもその農家さんは『そんなのやってみなきゃわからないから！』と言ってロボットを入れたところ、こんな感じになりました」

と、中村さんはイネが元気に育っている、きれいな田んぼの写真を出した。

「これは一目瞭然ですね。同じ田んぼと思えない」

「はい、周りの人も認めざるを得ないですよね。この写真を撮ったとき、タニシは夜行性なので夜、田んぼを見に行ったんですね。するとタニシは田んぼにはいなくて、畦草（あぜくさ）に集まっていました。考えられることは二つ。ひとつはアイガモロボが一日中動いて、イネに付いていたタニシを払いのけた。もうひとつはアイガモロボが動くと、田んぼの泥が巻き上がってトロトロ層※になるんですね。そうするとタニシは動きにくいので、嫌がって外へ出たのではないかと。これは他の地域の実証実験でも見られた効果でした」

※トロトロ層…稲作用語。水田の表層３～４センチにできる、粒子の細かいトロトロ状態の泥の層をいう。雑草の種子を埋没させ発芽を抑制するだけでなく、イネが土壌中のミネラルや肥料成分を利用しやすくなると考えられ、減農薬・無農薬栽培の農家にとって理想的な田んぼの状態とされる。

ＳＤＧｓに貢献

イネは５葉期（葉数が５枚）を過ぎると葉が硬くなるので、ジャンボタニシはほとんど食害しなくなる。ということは、食害の恐れがある苗の時期だけ防除すれば、魚毒性の高い薬を使わずに済む。それ以降はむしろ、ジャンボタニシが雑草を食べてくれる。

中村さんは実証実験データから、アイガモロボの利用とジャンボタニシとの共存で、除草剤も除草機も使わずに雑草がほぼない状態が実現できる、という確かな感触を得ているようだ。

五つ目の利点はイネの生長促進をもたらすということ。アイガモロボが動くと、イネはスクリューに巻き込まれるのでいったんは倒れるのだが、元気な苗ならば数日たつとピンと立ち上がる。いわゆる麦踏み効果で根の張りがよくなるらしい。

加えて、実証実験に参加した農家から、アイガモロボを入れた田んぼでは、例年見られるようなメタンガスの発生が明らかに少なくなっている、という報告も上がっている。

地球温暖化の要因とされる「温室効果ガス」の70％以上はCO_2だが、メタンも約14％を占める。そのメタンの約１割が水田から発生しているといわれ、問題視されている。すなわち、田んぼに水を張ると土壌中の酸素が少なくなり、嫌気性のメタン生成菌が活発になり、有機物を分解する過程でメタンを放出する、と考えられている。

中村さんは実証実験の結果から、アイガモロボがスクリューで田んぼをかき混ぜると土壌に酸素が入り、メタン生成菌の動きが鈍くなるのではないかとの仮説を立てており、大学と検証を進めている。

有機に取り組む農家を増やしたい

話を聞いていると良いことばかりだ。良すぎる…。

「でもいくら素晴らしい製品でも、売れないとビジネスになりませんよね？　有機農業に取り組む農家はまだごく少数です。それに、スマート農業の機械は値段が高いという問題もあります」

と言うと、中村さんは「そうですね」と落ち着いた表情でうなずいた。

中村さんがアイガモロボで目指すのは稲作の有機化だ。環境に優しい稲作をして、限りある資源を大切にし、循環型の有機農業を目指す。そこに強い想いを抱いている。

しかし現状では、有機の稲作は労力がかかり過ぎる。その割に収量が上がらないこと、また有機農産物の市場も日本では極めて小さいことなどから、有機に取り組む生産者はなかなか増えない。経営として成り立つか、ビジネスとして有望かという点から、有機農業を冷ややかに見る生産者が大半といっても過言ではない。

そこで中村さんは二つの戦略を立てた。

ひとつめは、有機農業とは別の視点やきっかけから、アイガモロボに興味を持ってもらう戦略だ。そこで、大量生産向けの試作品のデザイン原案を、専門学校ＨＡＬの学生コンペで決めることにした。採用されたのは、田んぼになじむグリーンを基調とし、鳥をイメージさせる愛らしいデザインだ。従来の農機具になかったデザインで、使ってみたくなる人が増えるかもしれない。

それだけではない。アイガモロボは30アール以上の圃場を想定しているが、中山間地域向けに小型で安価なモデルについても検討を進め、試作を始めている。これができれば棚田などでも利用しやすいだろう。こちらは、ＧＰＳや自動運転を使わないシンプルな作りにしたいという。実証実験に協力した宮城県仙台市や福井県勝山市の小学校では、小学生たちが自分でロボットをプログラミングし、それを利用して、校内の田んぼでコメ作りに挑戦している。

アイガモロボに興味を持つ入口がデザインやプログラミングだったとしても、そこから有機農業や地域の農業について考えるようになってほしい、と中村さんは思っている。そこから若い人たちが有機米を選ぶようになれば、市場もすこしずつ成長するに違いない。

販売価格の問題

もうひとつの戦略として、価格と利益の問題をクリアすべく、新しいビジネスモデルを構築した。アイガモロボの生産コストそれ自体は、ドローンとあまり変わらないという。

「農業用ドローンは100万～200万円のものが主流ですが、その価格だと広く普及させるのは難しいです。昨今の半導体不足や原材料高騰の影響がある中でなかなか厳しいのですが、アイガモロボはなんとか50万円以下になるよう検討しています」

なるほど、たしかにリーズナブルだ。農家が必要な台数はどれくらいなのだろう。

「日中、稼働させっぱなしになるので田んぼ一枚に一台、入れていただきたいと思っています。田植え後の3週間、毎日アイガモロボを走らせて、徹底的に抑草することで高い効果が得られます」

「そうすると、限られた期間に使うものにいくら払うか、ということになりますよね」と、わたしは口を挟んだ。いや、と中村さんは軽く首を振った。

「そこは50万円でも安いと思っています。そもそも田植機やコンバインは、アイガモロボみたいに3週間も同じ田んぼで連続して使いませんからね。

価格はこんなふうに考えてみてください。現在、田んぼを有機農業で栽培すると、10アールあたり年間1万4千円ほど環境保全型農業直接支払交付金[※1]が支払われます。日本の田んぼの平均的な広さが30アール（3反(たん)）なのでそれで考えると、有機化することで交付金が約4万円下ります。30アールの田んぼに一台使ったとして、農機具の減価償却上の耐用年数は7年なので[※2]、7年間ぎりぎりまで使ったとすると、4万円×7年間＝28万円ほど交付金がもらえます。それを考慮すると、実質的な負担は一年間で、数万円ほどで済む計算になります。つまり、アイガモロボを使えば実質上、極めて少額な負担で有機に切り替えができることになります」

※１　環境保全型農業直接支払交付金…化学肥料・化学合成農薬を原則５割以上低減した上で、地球温暖化防止や生物多様性保全に効果の高い営農活動に取り組む農業者団体や、有機農業に取り組む農業者団体等に対し、取組面積に応じて助成金が支払われる。「農業の有する多面的機能の発揮の促進に関する法律」に基づき実施されている（平成27年施行）。

※２　農機具や設備などの固定資産は帳簿上、「減価償却」処理を行う。減価償却の計算は耐用年数をもとに行われる。農業における減価償却資産は、使用可能期間が1年以上で取得価格が10万円以上の農機具や設備をいい、稲作に使う農機具の耐用年数は（精米機などを除き）一律7年と定められている。

有機米を流通させる

でもドローンと同じ原価なのに、それより安い価格で売るということは、別のところで利益を出さないと困るのではないだろうか。

「そうですよね。そこで、我々は機械メーカーではないという原点に立ち戻って、ビジネスモデルを考えました。どういうことかというと、アイガモロボで作った有機のお米を、我々が高い価格で流通させるんですね。例えば今、取引している宮城県の産地でいうと、ＪＡの普通のお米の買い取り価格は、令和３年産で１俵あたり９１００円です。我々は有機のササシグレで品質の良いものは、ＪＡを通して１俵３万円で引き取れるように、販売先を探して流通させています。

農家から直接買い取るのではなく、ＪＡを通すことで地域一体となって進めているところがポイントなんですね」

「そんなに高いお米でも売れるのですか？」

「有機のお米はそれくらいの価格で流通していますよ」

と、中村さんは涼しい顔で言った。

「基本的に有機のお米は足りないので、品物があればどこでもいい値段で買い取ってくれます。農家さんからすると、例えば30アールだとして20俵くらい採れるとすると、有機に変えると40万円も収入が違うことになりますよね。そうすると農家も安心して生産できて、我々はできたお米を一般よりも高い値段で売って、そこでいくらか利益を得ます。

ロボット販売とお米の販売はセットではないのですが、農家は有機米の生産を増やしたら、その分の販売先を新たに開拓しなければなりません。その営業活動を有機米デザインが担うことで、農家も安心して栽培できるようになるということです。ロボットの販売もそこを売りにすることができます」

中村さんが触れていたが、アイガモロボで生産された有機米の流通例を紹介しよう。宮城県栗原市の生産者、斎藤政憲さんは長らく有機農法に取り組んできた（ササシグレという品種を有機栽培で作っていることで有名な人だ）。彼はアイガモロボを使って2年目になる。東都生活協同組合が既に斎藤さんのお米を扱っているが、東都生協の会報誌（４５６号）によると、２０２２年度はさらに5産地6品種のアイガモロボで作った有機米の販売を予定しているようだ。この仲介をしているのが有機米デザインだ。

独自のビジネスモデル

でも、なぜコメ業界の外にいる有機米デザイン株式会社が、そんなことができるのだろうか。不思議に思って聞くと、中村さんはこう説明した。

「現在、日本の有機JAS認証を受けているお米は全体の0・1～0・2％程度しかありません。有機米は高く売れて利益率がいいのですが、量が極端に少ないため、多くのJAでは営業に工数（受注するまでにかかる時間や手間、費用）をかけることがなかなかできません。そこを有機米デザインが肩代わりすることで、JAと我々がお互いにWIN-WINの関係になることを提案しています。アイガモロボで作ったお米、ということが看板になるので、他の流通業者が同じことをしても差が生まれます。そういう意味で我々は、メーカーと流通をハイブリッドさせた企業、という他にないポジションにいると思っています」

なるほど、と声には出さなかったが、わたしはビジネスの話にかなり面食らった。というのは、てっきり除草ロボットの開発話を聞くものと思っていたからだ。頭を切り替えなくては…。その様子を見た中村さんは、フリーズしそうなわたしの頭にさりげなくもう一言、滑り込ませる。

「実際、たくさんの産地・JA・農家さんが実証実験に参加してくれていますが、営業は一切していないんです」

えっ？　今度は声が出てしまった。

「基本的には、参加したいとアプローチがあったところとしか、やっていないんです。こちらからアタックしたところはないと思う」

それだけ有機農業に興味のある生産者が増えているということだろう。

「でも、」とわたしはまだ抵抗を試みた。「アイガモロボはほんとに素晴らしいので、二番煎じで真似をするところが出てくるかもしれませんよね？」

中村さんはニヤリとした。

「二番煎じが来ないようにするのがこのビジネスモデルです。メーカーだったら100万円や200万円で出さないと、コストと合わないわけなんですよ。我々はお米の流通で利益を得るから、もっと安い価格で出せる。アイガモロボを分解して調査してもらっても構わないんですけれど、たぶん誰もやらないと思います。この値段で販売となったら、まず開発しないでしょうね、絶対もうからないから。それがこのビジネスモデルでブロックしているところですね」

やられた！　そういう仕掛けだったのか。目指すところは素晴らしい世界だけれど、理想だけでは持続可能なビジネスにならない。まさに渋沢栄一の『論語と算盤』だ。

もちろん、アイガモロボにもまだ課題はある。使い手がアイガモロボを入れる前に田んぼをしっかり均平化しておかないと、アイガモロボがうまく動かない。また、田んぼへの投入時期が遅れると、抑草効果は半減する。このあたりはユーザーへのきめ細やかなサポートが必要になるだろう。生産体制も不安だ。

「我々も計画台数設定は出しているのですが、それは最低限、我々がビジネスとして成り立つ台数を見積っているだけです。生産委託をするメーカーは『こんな台数で済むわけがない』と、生産体制をどうやって構築するか悩んでいます。ほんとうに農水省が目指すような有機農業の拡大が起きたら、このロボットは何台必要なのか、保有だけでなく買い替え需要も見越すと大変な数字になります。いずれそういう時代が来るんじゃないか、と話しています」

アイガモロボが市場にお目見えするのは２０２３年度。井関農機からテスト販売される予定だ。近い将来、全国の田んぼでアイガモロボがスイスイと泳ぎ回っている光景が見られるかもしれない。

アイガモロボの話が少々長くなった。でもこの事例は、いくつもの参考になるポイントを含んでいると思う。

有機栽培を拡大するための課題は、需要と労力だ。アイガモロボは除草の労力を省力化する。わたしが知る限りでも、実際に使った人たちの感想は非常に良かった。また、作ったお米を買い取ることで、農家が販売先開拓にかける労力もカットした。

需要創出については、大量生産用のデザインを学生コンペで採用したことと、小型ロボを作り小学生に使ってもらうことで若い人たちの興味・関心を得て、将来の需要につなげている。また食に関心の高い消費者が利用している生協と連携することも、アイガモロボと有機栽培への認知を高め、需要を呼び込むだろう。

有機米デザインがこれだけのことをできたのは、中村さんたちが「コメ業界の外」の人たちだったからだ。他の業界で得た知識と経験、技術を農業に持ち込んだ。農業は地域と深く結び付いているので、なかなか外の業界の人たちは入りにくい。そこを中村さんは10年かけて自ら農業に取り組み、すこしずつ垣根を乗り越えていった。さらに井関農機と組むことで、よりスムーズに話が運んでいるようだ。

有機農業という、農業においてはニッチな分野だからこそ参入でき、成功する確率が高いとも言えるだろう。

第6章
稲作二千年のその先へ

お米をめぐる旅ももうすぐ終わりだ。たくさんの人たちの話を聞いてきた。そのたびにわたしは大いに感動し、励まされた。農家や生産法人、ＪＡ、お米屋さん、企業、行政の人たちなど、みんなそれぞれ知恵を絞り改善を重ね、ほんとうにがんばっている。そこだけ切り取れば、お米には輝かしい未来があるのではないかと一瞬、錯覚するくらいだ。

錯覚、たぶんそうだろう。冷静になってみれば、お米を取り巻く状況は極めて厳しいと言わざるを得ない。コメ業界に限ったことではない。日本は今、大きな嵐の中にいる。資本主義経済の行き詰まりや、地球温暖化など環境問題の噴出、加速する人口減少、さらに新型コロナウイルスの感染拡大、ウクライナ侵攻など地政学的リスクの高まり…。今まで誰も経験したことがないことだらけだ。

しかも変化のスピードがこれまでにない速さで起こる。このまま巨大な嵐に巻き込まれて砕け散る、なんてことは誰も望んでいない。何か手を打たなくてはと、誰もが思っているはずだ。

ただ、わたしたちは戸惑って有効な手を打てないでいる。その遠因は、わたしたちが稲作を二千年間続けてきたことと関係がありそうだ。

稲作は一年単位で計画を立てる。日常の作業は田んぼをよく観察することから始まり、細やかな調整をする類いのものが多く、それを毎年ほぼ同じスケジュールで行う。台風など天候が悪くなれば、なすすべがないからじっと耐える。忍耐力が必要だ。何十年に一度くらいは凶作になるかもしれないが、そうした激しい変化はめったにない。だから、基本的に稲作で求められるのは、毎年同じことをきっちり行い、毎年同じ品質のものを作り上げることだ。二千年間、そうやってきたわたしたちは知らず知らずのうちに、稲作型思考ともいうべき思考パターンが染みついているのかもしれない。

とすれば、わたしたちは大きな変化をあまり好まない傾向があることになる。狩猟民族の人たちに比べて状況の変化に対応するスピードが遅いかもしれない。サッカー元日本代表監督のイビチャ・オシム氏が、日本人に必要なのは「修正力と判断力」だと言ったのを思い出す。

どうすればこの激動の時代を乗り切れるか。わたしたちはこの旅で、いくつものヒントを得たと思う。わたし自身は「未来への羅針盤」を手に入れた気持ちだ。これを頼りにしていけば、荒れ狂う海の中をどうにか進んでいけるのではないかと思う。

経営の視点を取り入れる

その「未来への羅針盤」は、お米が向かうべき3つの方向を示す。

1つ目は生産の現場において、より大胆に経営の視点を取り入れること。これまで見てきたように、コメ業界は生産も流通も長らく自分で経営を考える必要があまりなかった。けれどもそれでは沈没していく可能性が高い。取材では、わたしと同じことを思い、行動を起こしている人たちに出会った。

南魚沼の生産者・井口登さんはアメリカ留学で経営の視点の必要性を痛感した。新潟県五泉市の生産者・神田長平さんは「商品三分に売り七分」と言っていたし、群馬県沼田市の生産者・金井繁行さんは「価格競争に巻き込まれないようにしないといけない」と売り上げを伸ばす方法を探り、岐阜県の今井隆さんは発見した品種をブランド化することに成功した。墨田区の米穀店・隅田屋の片山真一さんは海外に日本の高級なお米を輸出し、ニッチな市場を開拓する。神戸市の米穀店・いづよねの川崎恭雄さんは、「茶碗一杯のご飯で日本中を笑顔にしたい。そのために多くの人にお米の味や楽しさを伝えて興味を持ってもらう」と会社の存在意義、すなわち「パーパス」を明確にしてそれを軸にした経営を行い、社員のマネジメントをしている。※

農業法人もこれまで以上に経営の視点が必要になる。新潟県十日町市の法人・千手の丸山博さんは、地域への責任があるから経営を安定化させることが重要だと考えている。新潟県の経営普及課の佐藤一志さんは、これからの法人はマネジメントや人材育成も必要で、「法人の社長さんは農業者ではなく経営者であるべき」と発言した。そういう意味では、農業経営と生産技術を別の人が行う形も今後は出てくるかもしれない。

農業従事者が経営の視点を学ぶ機会は多くない。女性農業者たちの悩みはそこにあった。農業従事者が経営を学ぶ場がもっとあるといいと思う。

※自社の社会における存在意義を明確化し、社会にどう貢献するのかを掲げて経営することを「パーパス経営」といい、注目されている。

継続的改善と新しい視点

日本の稲作は二千年以上にわたり連綿と続けられてきた。言い換えると、少なくとも2千回は繰り返し行い、その中で改善を積み重ね、知恵を結集して、今がある。

南魚沼のベテラン生産者の井口さんは45年もの経験があるのに、「まだたった45回しかやっていない」と言った。取材で出会った生産者はみんな努力家でまじめで誠実に仕事に向き合っていた。だから、昔よりも圧倒的に労力をかけずに、はるかに品質のいいコメを大量に適期に収穫できるようになった。

中国における寿司店の研究で有名な中部大学人文学部助教の王昊凡（おうこうはん）さんに日本のお米について聞いたところ、日本のお米は商品として超一流だと言い、こう続けた。

「先日、ＪＡの直販所でオススメのお米を買って精米してもらい、いい炊飯器で炊いて食べたんですね。そうしたら、びっくりするくらいおいしくておかずがいらなかったんですよ。これはすごいなとあらためて思いました。お米のおいしさにここまでこだわり続けてきたのは、日本の強みだと思います。

実は、中国でもコシヒカリをルーツに持つブランド米があって、値段が高いのですが、味が良くて人気があります。でも日本のお米は、それよりもはるかに高くて、『価格が天井を突き破った』と表現されるほどの値段で売られているんですね」

輸出を手掛け世界各国のコメを食べている隅田屋の片山さんも、「日本のコメは種から出荷まで、徹底した品質管理がなされているのが大きな特徴で、これは他国にはないことです」と言う。

そうなのだ、我々がこれまで細かく積み上げてきた改善の結果、生まれている今のコメは、食味も品質も世界に誇れるものだ。農業だけではない。稲作二千年で培われてきた精神、つまり粘り強さや確実に丁寧に作り込む技術、周囲と協力する姿勢は、稲作文化と共にわたしたちのＤＮＡに深く刻み込まれているといってもいい。それは世界に誇る唯一無二の美徳だ。

しかし、前述したように今は、これまで経験したことのない嵐の中にいる。これまでの経験や知識だけではおそらく乗り切れないだろう。だから変わっていかなければならない。これまで培ってきたものが素晴らしければ素晴らしいほど、変えることは難しくなる。そのときに役に立つのが、経営の視点だろう。

ただ、どの業界でも組織でも、自分たちだけで自律的に変わるのは困難を極める。「まえがき」で出井伸之さんの言葉を引き合いに出したが、たいていできないものなのだ。だから異業種の人たちを受け容れ、新しい風を取り入れるオープンイノベーション※が重要になってくる。

中村哲也さんたちが開発したアイガモロボは、農業の人たちでは思いつかなかったことだ。外から入って来る人たちだからこそ、今までとは違う視点を持ち、大胆に変化を起こすことができる可能性も高くなる。

経営の視点を持ち、これまで続けてきた改善をこれからもコツコツと積み重ねていく。並行して、新しいことをする人たちを受け容れる寛容性を持つ。それが大切なことではないだろうか。

※オープンイノベーション…自社だけでなく、異業種、異分野の企業や組織の持つ技術やアイデアを組み合わせることにより、自社だけでは生み出せない革新的な価値創出につなげるイノベーションの方法。

食育と体験から需要創出

「未来への羅針盤」が示す２つ目の方向は、需要創出に注力することだ。

「需要はひとりでに生まれるものではない」と、農林水産省の平形雄策農産局長はいみじくも言った。輸出と国内の需要の掘り起こし、両方が必要なことは言うまでもないだろう。

海外の需要については、隅田屋の片山さんがしていたように、その国の食文化をよく理解して丁寧に説明し、受け入れやすい形でアピールして初めて、関心を持ってもらえる。

国内の需要については、もう拡大は難しいと思っている人がほとんどだろう。でもこの木を通じて、様々なヒントが見つかったのではないだろうか？　何度か触れたが、消費者の行動は商品の認知から始まり、興味関心を持ち、好感を抱いて購入を検討し、やっと購入というアクションに至る。そして、その商品や作り手への信頼が生まれればファンになり、継続して購入するようになる。

どうやったらこれがうまくできるのか。この旅を通じてわたしは、消費者とのコミュニケーションがひとつのカギになるのではないかと感じた。そこで、コミュニケーション論を専門分野とする、慶應義塾大学環境情報学部教授の加藤文俊さんに話を聞いた。

加藤さんは、高度成長期の世代は物の豊かさや経済合理性に価値を置いていたが、次の世代は違う感覚を持っていると言う。つまりこれからは、環境への意識や自分のお金が誰に何のために届くのかなど、価格だけでなく、商品の背後にある哲学やストーリーに共感したり納得したりして、お金を払う人たちが増える。

「けれどもそれは、おしゃれなパッケージやネーミングにすることではありません。見た目は素朴であか抜けていなかったとしても、物語が丁寧に描かれていて、それがきちんと伝わるということが大事です」

と、加藤さんは注意を促す。体験イベントなどで、参加者に直接伝え感じてもらうことも、これからはもっと求められていくだろう。

次の世代へのアプローチも非常に重要だ。原宿の小池理雄さんは子どもたちにバケツ稲栽培のワークショップを重ね、千葉県いすみ市や佐渡市は、給食に有機米を導入することで食育につなげている。子どもへのアプローチは、マクドナルドの例が有名だ。キッズメニューを充実させ、小さい頃からマクドナルドの味を覚えてもらい、大人になってもマクドナルドが大好きなお客になってもらおうという作戦だ。コメ業界はこの点をもっと努力した方がいいのではないだろうか。

食卓と里山をつなぐ

大事なことは、消費者のことをしっかり考える・観察する、つまり顧客視点に立つということだ。食味や品質といった生産側・売る側の視点ではお客は動かないのだ。

人は本や映像を見たり、他の人の話を聞いたりすることで、自分の考えを作っていく。それ以上にインパクトがあるのは「体験」だ。

わたし自身のことを振り返ってもそう思う。取材前にどれだけ机上で学んでも、実際に豊岡でコウノトリを見たときや佐渡でトキを見たときの感動は、言葉で言い表せないくらいだった。佐渡の棚田で生産者の平間勝利さんが用意してくれたおむすびは、どんなごちそうよりも心に響いた。この旅で出会った人たちの本物の笑顔と言葉は、わたしの記憶に深く刻まれた。

わたしがコロナ前にしてきたおむすびワークショップでも、同じことが起こっていた。参加者は老若男女問わず、共に楽しくおむすびを作って食べて語らううちに、お米の魅力を再発見した。参加後、それまで料理に興味のなかった小学生が自分や家族のためにおむすびを作るようになったり、スーパーでお米を買っていた人がお米屋さんで買うようになったり、ランチにカップラーメンをすすっていた若者がおむすびを買うようになったり、パンが大好きな女性はお米の良さを見直したりした。

ワークショップやイベントを何度も開催している二人、原宿の小池理雄さんと三重県つじ農園の辻武史さんの話にわたしが共感したのもその点だった。辻さんは「人は『面白い・楽しい』と思うことを入口にする」と言い、小池さんは「理屈抜きの感情がいちばん大事だ」と言った。

食卓と里山をつなぎ、顧客たる消費者が楽しくお米体験をすることが、需要創出の大きな一歩になる。そして生産者・流通業者が消費者と交流することは、その人たちにとっても、あらためてお客のことをよく知り、顧客視点を意識することにつながる。

このように需要を創出し、持続可能な農業と食を実現していくには、農業者だけでなく流通業者、食品業界、自治体など多数の人たちが関わっていくことが重要だと強調したい。

有機農業の拡大

「未来への羅針盤」が示す方向の3つ目は、有機農業への転換だ。

近年の消費者に見られる新しい傾向、すなわち「環境にやさしい・持続可能な社会」は今や世界の大きな流れになりつつある。日本の消費者だってそうだ。価格や見た目を重視する消費者がいなくなることはないが、「より良い消費」をしたいと思う人はこれから確実に増える。学校で社会的課題を学んでいる若い人たちは、とりわけその傾向が強い。

給食の公共調達のところで触れたように、諸外国では給食に有機農産物を導入する事例が増えている。日本でも、自治体が導入にもっと積極的になることを願う。

また日本のお米の需要を拡大するためには、海外市場を視野に入れることもますます必要になる。海外で日本のお米を高く売っていくためには、オーガニックであることは必須になるだろう。

とは言っても、どれだけ有機農業の拡大を叫んだところで、第5章で述べたように、耕作面積や収量の上で有機米が主役になることはない。今のところ最大限がんばって目指すゴールは、農林水産省が出している「みどりの食料システム戦略」で掲げられている数字、すなわち日本の耕作面積の割合を、有機農業25％、従来型の農業75％にすることだ。

現状は１対99の世界だ。これを25対75の世界にしようというのだから、ものすごくハードな挑戦だ。そんなことはわかっている。

でも、頭から「無理です、できません」と決めつけるのは、わたしは好きではない。「できない」と言い切った瞬間に、未来への扉は固く閉ざされてしまうからだ。できない理由を考えるよりも、どんなに困難でもできる方法を探ろう。

諦めることなく、一歩でもゴールに近づくよう歩き続けなくてはいけない。なぜなら、わたしたちは今まで、田んぼや里山の二次的自然の恩恵を存分に受けてきた。今度はそれを次の世代、そのまた次の世代へと、受け継いでいく責任があるからだ。稲作二千年の歴史はそうやって先祖から受け継いできたものだ。

ただし、急（せ）いては事を仕損ずるということわざではないが、情熱が先走り、地域や関係者を置き去りにするようではうまくいかない。豊岡市の若い農業者、安達陽一さんは、有機農業を始めた人が周囲と軋轢（あつれき）を生んだ例を見てきた。だから、「バランスを見てすこしずつ、ほんとうにすこしずつやっていかないといけないと思っています」と言う。

有機農業かそうでないかは、対立する問題ではない。わたしたちは日本の農業という、ひとつのチームなのだ。市民ランナーの夫が以前、あるマラソン大会でもらってきたＴシャツに、こんなことが書いてある。

――ゴールは必ずやって来る

走り続ける限り、その先にはきっと25対75のゴールがある。ただ、有機農業を推進する人たちは、もうすこしだけスピードを上げていこう。従来型の農業をする人たちや食卓にいる人たちは、自分は走らない代わりに、有機に取り組む人たちを精いっぱい応援しようではないか。みんなが協力して初めて、チームは未来のゴールにたどり着くことができる。

共生と継承と多様性

日本コウノトリの会会長の佐竹節夫さんは、農業の神髄を、「風を見て、水を見て、土を見て、耕して、生きものの力を呼び込んで作物をつくる」と表現した。

どんなに技術が向上して生産効率が上がっても、どんなに流通が発達して産地から遠いところでご飯を食べようとも、この言葉を忘れてはいけないと思う。

自然と共生してきた日本の稲作は、田んぼという人間が創り出した自然（二次的自然）で、たくさんの生きものを育んできた。佐渡で「田んぼの生きもの調査」をする服部謙次さんから、水田や里山には生物多様性を維持する機能があることを学び、稲作の意義をあらためて感じた。

令和4年度の内閣府世論調査によると、「生物多様性」という言葉の認知度は、「意味は知らないが、言葉は聞いたことがあった」という人まで含めると、7割を超える。言葉として認識していなくても、生物多様性の保全につながる取り組みや体験への関心はかなり高まっているようだ。

桐朋女子中学校の荒井仁先生は、農業とは別の視点から、「人は自然と共に生きなければいけない以上、人間の行為によって新しく生まれた自然を守ることこそが大切だ」と言った。そしてそのためには、自分が自然とつながっていることを意識する機会が必要ではないかと問うた。とても大切な問いだと思う。

だからといって、昔から続く水田を守るべきだという視点のみで、今まさにそこで暮らしている人たちが犠牲になってはいけない。

佐渡の移住農業者、伊藤竜太郎さんは、自分は守るためにやっているのではない、とさらりと言った。そのときわたしは意味がよくわからなくて話は流れていったのだが、後で伝統的なわら細工の話になったときに、彼は「我々も今を生きているので、昔のことを残そうとすることだけが我々の人生ではないんですよね」と、コーヒーをすすりながらつぶやいた。

棚田や豊かな田園風景を「守る」ことがすべきことではない。様々な変化を受け容れつつ、自然と共生する稲作を志向していくべきだと思う。

シンボルとして掲げる数字は25対75だけれど、日本全体の田んぼが、有機栽培とそれ以外の栽培の美しいモザイク状に混在するのが、わたしの理想だ。そして75の部分も有機でなくても、環境に配慮した稲作、持続可能な稲作になっていけば最高だ。

未来を担う若者へ

そして若い人たちには、農業には理想を語るだけの価値がある、と伝えたい。どんなにＩＴが発達しようとも、どんなに世界が激変しようとも、命を支えるものは食であり、それを支えるのは第一次産業だ。

日常生活でまったく意識していなくても、わたしたちの前には日本の自然と共生してきた何代もの祖先がいる。稲作二千年の歴史と豊かなお米の食文化が、わたしたちをつくってきた。わたしたちがこれから先、確実にできることは、今食べている食べ物の源を考えることだ。それだけでも、食を支えるプロセスに参加するというとても大切な任務を、時空を超えてちょっぴり果たすことになるだろう。

若いみなさんへ。もし悲しくて辛くて仕方がないことがあったら、田んぼへ出かけてみてください。温かいご飯をお茶碗いっぱい食べてみてください。

これでお米をめぐる旅はひとまずおしまいだ。旅で得た未来への羅針盤を手掛かりに、稲作二千年のその先を共に創っていこう。

最後までお付き合いくださってありがとう。あなたの明日がおいしいご飯と共にあり、希望に満ちていることを祈っている。

謝　辞

上梓するにあたり、たくさんの方に取材協力いただいた。話を伺ったのに本文中に掲載できなかった方々には、誠に申し訳なく思う。でも彼らの熱意や想いは盛り込んだつもりだ。そして、(株)商経アドバイス代表取締役社長・中村信次さん、佐渡の服部謙次さん、校正の海老沢光世さん、(株)厚徳社の武村さん、(有)ロクオ企画の六尾さん、キクロス出版の山口晴之さんには大変お世話になった。最後に、心の支えになるだけでなく、この本にビジネスの視点をもたらしてくれた夫に感謝したい。

みなさん、ほんとうにありがとうございました。

２０２２年秋

たに　りり

たに りり

食卓視点でお米を愛する農政ジャーナリスト。「大地を守る会」の料理レシピコーナーを担当後、2017年から料理のわかるごはんソムリエとして活動。米穀専門新聞「商経アドバイス」にてコラムを長期連載中。農家や米穀店、行政の販促支援なども行う。おこめみらいラボ主宰。神奈川県生まれ。慶應義塾大学卒。

著書：『大人のおむすび学習帳』（キクロス出版）

稲作SDGsをお米のプロに学ぶ

2022年12月12日　初版発行

著者　たに りり

発行　株式会社 キクロス出版
〒112-0012 東京都文京区大塚6-37-17-401
TEL.03-3945-4148 FAX.03-3945-4149

発売　株式会社 星雲社（共同出版社・流通責任出版社）
〒112-0005 東京都文京区水道1-3-30
TEL.03-3868-3275 FAX.03-3868-6588

印刷・製本　株式会社 厚徳社

プロデューサー　山口晴之

ISBN978-4-434-31408-7 C0036

スタッフを育て、売上げを伸ばす
中国料理のマネージャー
中島 將耀・遠山詳胡子 共著